同济数学系列丛书
TONGJISHUXUEXILIECONGSHU

大学数学教学研究

（第1辑）

主　编　边保军

副主编　殷俊锋

同济大学 出版社
TONGJI UNIVERSITY PRESS

内 容 提 要

　　本书汇集了来自本科教育一线的数学教师对大学数学课程教学研究和改革的探索和实践的教学研究论文 30 余篇，内容包括大学数学课程建设思与行、教学内容和教学方法改革与研究、数学实验和数学建模融入大学数学基础课程的探索与实践、公共数学基础课程教学质量评估体系研究、来华留学和中外合作办学中全英文大学数学课程教学的思考等，生动地展示了大学数学高等教育前沿的教学改革和教学成果。

　　本书可供从事高等教育的广大教师和专家阅读、参考。

图书在版编目(CIP)数据

　　大学数学教学研究. 第 1 辑 ／ 边保军主编. -- 上海：
同济大学出版社，2014.10
　　ISBN 978-7-5608-5641-4

　　Ⅰ.①大… Ⅱ.①边… Ⅲ.①高等数学—教学研究—高等学校—文集　Ⅳ.①O13-53

　　中国版本图书馆 CIP 数据核字(2014)第 221230 号

大学数学教学研究(第 1 辑)

主编　边保军　　　副主编　殷俊锋

责任编辑　张　莉　　**责任校对**　徐春莲　　**封面设计**　陈益平

出版发行	同济大学出版社　　www.tongjipress.com.cn
	(地址:上海市四平路 1239 号　邮编:200092　电话:021-65985622)
经　销	全国各地新华书店
印　刷	同济大学印刷厂
开　本	787 mm×960 mm　1/16
印　张	10.25
字　数	205 000
版　次	2014 年 10 月第 1 版　　2014 年 10 月第 1 次印刷
书　号	ISBN 978-7-5608-5641-4
定　价	25.00 元

前　言

　　大学数学课程是各类院校绝大多数专业的重要理论基础课程和通识素质教育课程。万丈高楼平地起,大学数学基础课程如万水之源,是学好包括理工科在内的各专业的基础,其重要性是不言而喻的。

　　随着时代的进步和数学自身的发展,加之我国高等教育从知识型应试教育向能力型素质教育的转变,如何进一步深化大学数学课程的教学改革以适应新时期对创新人才培养的需求,对保证高等教育质量显得格外重要。因此,有必要针对数学教育对学科交叉型创新人才的教育的作用和意义以及如何改革作进一步的审视和思考。

　　2014年5月17—18日,同济大学数学系举办了大学数学课程建设与教学改革研讨会。会议邀请到国家教学名师、上海交通大学数学系乐经良教授,国家教学名师、合肥工业大学数学学院朱士信教授,华东理工大学鲁习文教授,东华大学胡良剑教授,上海大学顾传青教授,高等教育出版社马丽女士和上海市千人计划专家、同济大学数学系袁先智教授等十多位专家和学者交流经验,分析了当前大学教育所面临的新的变化和挑战,强调了数学思维对于理工科学生、文科及经管类学生的重要意义,对大学数学课程目前改革的进展以及未来的机遇和挑战分享了各自的看法,并给出了切实可行的一些具体建议。

　　另有上海电力学院吴蓓蓓老师介绍了上海电力学院高等数学教学改革的进展和成果、同济大学刘庆生副教授、陈雄达副教授和王勇智老师介绍了同济大学数学系近几年来在人才培养、课程建设和教学改革上取得的进展和成果,在培养学科交叉型应用创新人才方面形成了自己的办学特色。来自上海周边地区高校、同济大学对口支援单位井冈山大学和宜宾学院的专家和学者三十余人出席了会议。本次研讨会的召开对促进上海市高校大学数学教学质量、推进大学数学基础课程教学改革和研究将起到很好的推动作用。

大会共汇集了来自本科教育一线的数学教师对大学数学课程教学研究和改革的探索和实践的教学研究论文三十余篇，内容包括大学数学课程建设思与行、教学内容和教学方法改革与研究、数学实验和数学建模融入大学数学基础课程的探索与实践、公共数学基础课程教学质量评估体系研究、来华留学和中外合作办学中全英文大学数学课程教学的思考等，生动地展示了大学数学高等教育前沿的教学改革和教学成果，特成此书以供广大从事高等教育的教师和专家阅读和参考。

特别感谢同济大学常务副校长陈以一教授和党委副书记徐建平教授参加这次研讨会并给予热情洋溢的致辞。特别感谢教务处处长李晔教授对本次会议的大力支持并全程参加了本次研讨会。特别感谢同济大学出版社张莉女士对本次研讨会及本书出版的大力支持。

编　者
2014 年 7 月

目　录

钱伟长学院"高等数学"课程教学改革探索

苏 英 顾传青

（上海大学钱伟长学院）

摘 要：17 年来，钱伟长学院历经强化班、自强学院、国家试点学院三个发展阶段，基本办学方式是每年招收 100 名左右理科学生进入学院，不分专业，进行两年基础教育，在知识结构上实施全面发展，着重培养学生的自学能力和创新意识。从第三年按照自主选择专业、一对一因材施教、本硕连读培养模式在学校分流。本文介绍作者近年来在"高等数学"教学过程中开展的教学改革和探索。

关键词：基础课程 学习小组 课后辅导

Abstract：During the past 17 years，Qian Weichang College has gone through three developmental stages including General Studies Reinforcement Class，Ziqiang College and National Pilot College. Qian Weichang College selects about 100 science students to receive 2-year general education with not fixed majors every year. Qian Weichang College is devoted to guiding overall development on the basic knowledge structures，cultivating students' self- learning ability and creative awareness. From the third year，Qian Weichang College adopts different modes of cultivation including Free Choice of Majors Cultivation，BS-MS Bridging United Cultivation，One-teacher-to-one-student way of teaching in accordance with student's aptitude. This essay is about the exploration and transformation of education the writer made while teaching Advanced mathematics in the recent years.

Keywords：Basic Courses，Learning Group，After-school Counselling

一、教学环境：两年通识教育体系

1. 办学思想

钱校长认为，本科还是一个打基础的通识教育。钱伟长学院的基本办学思路[1]：理科学生进入钱伟长学院，前两年不分专业进行基础教育，在知识结构上实施全面发展、文理结合，重点是培养学生的自学能力。两年通识教育课程体系由四大基础教学平台（155 学分）和接口课程平台组成。在第二学年末，根据学生的成绩和愿望，学生分别进入"完全自主选择专业"、"本硕连读"和"一对一因材施教"人才培养模式。

2. 招生和教学情况

2003 年 9 月，强化班开始招收第 6 届学生 90 人，两年基础课程分两个班上课，由学生自愿选择上课老师。学院鼓励不同风格的老师自主授课，开展研究型教学改革。2008 年 6 月，自强学院实行招生制度改革。由学校招生办公室通知考取上海大学的各省市高考成绩前 5％和在全国各类竞赛中获奖的理科学生，参加数学、物理、英语考试。学院通过综合面试，择优录取 120 名学生，分为两个班级上课。2009 年 6 月，自强学院实施"建立长效机制吸引全校最优秀教师任教工程"，建立教师聘任制度、学生考评教师制度和教师教学工作量激励制度，其中教学工作量激励制度将主要课程划分为课堂教学与学生课外自学比例分别为 1∶2，1∶1 两部分。

3. "高等数学"教学情况

从 2009 学年起，"高等数学"[3]分为两个班级上课，两位主讲老师分别配备助教，课程讲授分为"高等数学（强）"和"高等数学（强）"（全英语）。从 2009 学年以来，学生选择中英文教学人数都比较少，如 2013 学年钱伟长学院学生中英文教学选课情况见表 1。

表 1 中英文教学选课情况

学年	学期	中文选课人数	英语选课人数
2013—2014	秋季	94	14
	冬季	92	13
	春季	82	20

二、教学思想："高等数学"培养学生独立思考和自学

1. 讲课中突出：重要定理的推导思路

微积分中著名的重要定理和公式如牛顿-莱布尼茨公式、拉格朗日中值定理、

拉格朗日乘子法、格林公式、高斯公式等,使用面广,而且包含深刻的哲理和巧妙的证明构思,把这些重要定理和公式的思路讲清楚,对学生影响深刻。

如证明牛顿-莱布尼茨公式

$$\int_a^b f(x)\mathrm{d}x = F(x)\Big|_a^b = F(b) - F(a)$$

时,详细推导莱布尼茨引入变上限函数

$$\Phi(x) = \int_a^x f(t)\mathrm{d}t$$

对建立微积分基本定理所起的关键的作用。又如,在证明拉格朗日乘子法时,拉格朗日在求偏导数后,

$$f_x - \frac{f_y}{\varphi_y} \cdot \varphi_x = 0,$$

巧妙地引入拉格朗日乘子 $\lambda = -\dfrac{f_y}{\varphi_y}$,是产生拉格朗日乘子法最关键的一步。

2. 教材编写上,突出提高学生自学能力

钱伟长校长指出:"大学生一定要学会自学。一个人到大学毕业时,除了已经具有一定的基本理论知识外,还应该有这样的把握,即没有学过的东西,通过自学,查一查,看一看,也能弄懂,就是说能够无师自通,大学生就应该达到这个水平。"

在教学实践中,我们编写《高等数学》教材[3],其思想是将老师课堂教学和学生课外学习结合起来,努力使学生掌握高等数学的基础知识和基本方法,培养学生的独立思考和自学能力。第一个特点是在高等数学的基本框架下加进了数学分析的一些基本内容,为学生今后进一步自学其他课程打下一个基础。第二个特点是注重概念和方法的小结,特别是解题方法的步骤化。对每一个重要的概念,都用"注意"的形式加以说明;对每一个重要的解题方法,都用"方法"的形式加以小结,其用心是引导学生自学,鼓励学生自己对所学内容进行总结。第三个特点是例题、习题的编排上便于学生自学。教材中各个基本方法的介绍都配有丰富的例题,且有一定的难度;同时在习题解答中对有难度的习题和证明题都给与了简明的解答和提示。目的也是帮助学生自学,树立学习的自信心。

三、课内外联动:"高等数学"建立学生学习小组

从 2009 学年开始,"高等数学"课程教学过程引入学生学习小组,探索打通课

内课外之间联系的活动机制。

1. 教学特点

　　将全班学生分成若干个学习小组，7～8 个学生 1 组，由学生自愿集合，自定组长。老师安排学习小组的活动计划。通过学习小组，让学生参与教学的整个过程，打通教与学、教师与学生、学生与学生、课内与课外之间的桥梁，培养学生的自学能力、沟通和协调能力。

2. 培养学生自学能力

　　老师课堂教学占 2/3，学生自学占 1/3。学生参与教学：每次课安排一个学习小组做好准备，根据教学内容有针对性地进行课堂讨论，师生互动。培养沟通能力：每个学习小组每学期至少组织一次讲课活动。课程考核实行 20＋30＋50 制：即平时作业＋期中测验占 20％；课堂提问、讨论＋讲课占 30％；期末统考 50％。如 2009 级高等数学冬季学期一班前 2 组学习小组研究性学习活动安排见表 2。

表 2　　　　　　　　　　　学习小组研究性学习活动安排

组别	姓名	日　期	研究性学习小组活动
第一组	任启涛	2010.01.15	测验 2：批阅
			测验 2：讲评 1
	饶武平	2010.01.15	测验 2：批阅
	王建鑫	2010.01.13	级数习题课：讲解 1
		2010.01.15	测验 2：批阅
	靳　晓	2009.12.07	换元法分步法：讲授 2
		2010.01.15	测验 2：批阅
	吴　琦	2010.01.15	测验 2：批阅
			测验 2：讲评 2
	金俊聪	2010.01.15	测验 2：批阅
	蒋志云	2010.01.03	级数习题课：讲解 2
		2010.01.15	测验 2：批阅
	吴　日	2009.12.07	换元法分步法：讲授 1
		2010.01.15	测验 2：批阅

续表

组别	姓名	日　　期	研究性学习小组活动
第二组	蒋　雪	2010.01.18	齐次方程:讲授 1
	李　平	2009.12.09	广义积分:讲授 3
	沈　兵	2009.12.18	幂级数:讲授 2
	王燕俊	2009.12.09	幂级数:讲授 1
	钱立武	2009.12.18	广义积分:讲授 2
	陈　杨	2009.12.09	广义积分:讲授 1
	吴丽娜	2010.01.18	齐次方程:讲授 2
	储　昕	2010.01.18	齐次方程:讲授 3
	吴　楠	2010.01.18	齐次方程:讲授 3
	辛　宇	2009.12.18	物理应用:讲授 1
	李　炫	2009.12.18	物理应用:讲授 2

3. "高等数学"学生小组进驻社区学院[2]

为了实现钱伟长学院与社区学院的共同合作和资源共享,经过 2011 学年秋季学期的筹备和试讲,在冬季学期,钱伟长学院"高等数学"学生小组进驻社区学院开展了五次活动。学院全体一年级学生和社区学院有兴趣的学生参加了活动。这些活动,一方面加深了学生对"高等数学"课程的理解,培养了学生的自学能力、演讲能力和团结协作精神,另一方面,对钱伟长学院学生和社区学院学生之间的交流和合作也起到了推动作用。

四、教学改革:"高等数学"推行(5＋9)教学制度

为了推动试点学院改革,贯彻执行"上海市教委关于上海高校教师教育教学岗位职责指导意见"精神,钱伟长学院对"高等数学"课程率先实行(5＋9)教学制度改革计划(表3)。

表3　　　　　　　　"高等数学"课程实行(5＋9)教学改革

教学安排	每周学时	时间安排	教师
课内教学	5 学时	星期一、三、五	主讲
课外小班师生研讨课	3 学时	星期五中、下午	主讲、助教各带 1 小班

续表

教学安排	每周学时	时间安排	教师
白天坐班指导学生	4学时	星期一、三下午 4:00—6:00	主讲、助教
夜晚校内住宿辅导学生	2学时	星期天晚 7:00—9:00	主讲、助教

1. (5＋9)教学改革计划的具体做法

（1）建立"课外小班师生研讨课制度"。"高等数学"课程 76 名 2012 级学生自行组织，分成 10 个学习小组；再将 10 个小组分成两个小班，分别由主讲教师顾传青和助教苏英指导，以学习小组为单位开展课外师生研讨课。

（2）建立"白天坐班指导学生制度"。选择学生自学、做功课的时间，每周安排两次，由主讲老师和助教白天坐班指导学生课外学习。

（3）建立"夜晚校内住宿辅导制度"。每周选择星期天晚上，由主讲老师和助教对学生进行个别辅导和答疑。

开展课外小班研讨和个别辅导，学生可以有选择地参加，从而形成学生有学科爱好，可以与任课教师一起进行系统的讨论，培养学生的思辨能力和沟通能力；学生有问题，可以找得到老师进行互相讨论和个别指导，培养学生的学习兴趣，提高学生的学习能力，彻底改变目前高校普遍存在的"教师课堂灌输、下课立即走路"的局面。目前，"高等数学"课程(5＋9)教学制度改革计划从实行以来，受到了大一学生的普遍欢迎。

2. 学生评价

表4　　　　　　　　2013 级部分学生秋季学期统计

选项	小计	比例
A. 非常满意	24	48％
B. 满意	15	30％
C. 较满意	2	4％
D. 一般	2	4％
E. 不满意	0	0％
（空）	7	14％
本题有效填写人次	50	

参 考 文 献

［1］顾传青.钱伟长校长和钱伟长教育思想[M].北京:科学出版社,2011.

［2］顾传青.培养学习兴趣提高学生能力——钱伟长学院率先落实"高等数学"课程教学改革计划[J].上海大学校报,2012,707.

［3］顾传青.高等数学[M].北京:科学出版社,2011.

数学实验教学的探索与实践

胡良剑

（东华大学理学院）

摘　要：本文主要介绍了东华大学在数学、统计学和工科类专业的一系列数学课程中融入软件实验教学的实践经验，提出了实施过程中存在的一些共性问题和自己的看法，最后介绍了东华大学最近在大面积数学课程分类型教学改革上的一些尝试。

关键词：数学实验　MATLAB　数学软件　数学建模

Abstract：The paper mainly introduces our teaching experience in the software experiment in the mathematical courses of Donghua University, related to the majors of Mathematics, Statistics and Engineering. We also comment on the issue of common concern in the teaching practice. Finally, we introduce our recent goal-orientated reform in the fundamental mathematical courses.

Keywords：mathematical experiment, MATLAB, mathematical software, mathematical modeling

一、引言

近 30 年来的大学数学课程教学改革的主要背景是计算机技术的迅猛发展，而"数学建模"和"数学实验"课程的诞生是一项获得广泛认可的改革成果。"数学建模"注重数学与实际问题的结合，在解决具体问题的过程中学习和应用数学，有利于培养学生的创新意识和综合应用能力。结合全国大学生数学建模竞赛，"数学建模"课程已经形成了相对稳定的教学内容和方法，可以说已经进入了比较成熟的阶段。

"数学实验"课程是 20 世纪末出现的新型数学课程。经过多年的发展，在国内已形成了以下三种主流模式：一种是以介绍数学应用方法为主，通常把数值计算、统计、优化等模块与数学软件、典型案例相结合的方法来组织实验，以清华大学的"数学实验"课为代表[1]；另一种是以探索数学的理论和内容为主，目的是通过实验去发现和理解数学中较为抽象或复杂的内容,以中国科技大学的"数学实验"课为代表[2];还有一类是以解决来自各个领域的实际问题为主,在解决问题的实验中学习和应用数学,以上海交通大学的"数学实验"课为代表[3]。总体来说,对于"数学实验"课的性质和定位、内容和方法、考核方式,以及"数学实验"与"数学建模"课程之间的关系,目前还没有完全形成共识[4]。

二、东华大学"数学实验"教学的探索与实践

近 20 年来,东华大学做了一些数学实验教学的探索和实践,也取得了一些成果。我们于 1994 年开设"数学建模"课,1997 年开设"数学实验"课,2001 年出版教材《数学实验——使用 MATLAB》获得上海市优秀教材二等奖,2005 年主持项目"工科数学课程的计算机教学改革与实践"获得上海市教学成果二等奖,2006年,我们在高等教育出版社出版了受到好评的教材《MATLAB 数学实验》,2014 年2 月以"十二五"国家级规划教材发行第二版[5]。

目前,东华大学既有独立开设的"数学实验"课程,也有融入主干课程的软件实验教学。分为三个系列:数学专业、统计学专业和工科类专业。具体安排见表1。

表 1　　　　　　　　东华大学数学课程的软件实验教学安排

专业	课程	总学时/实验学时	学期	软件
数学	数学实验	40/28	三(期末 2 周)	MATLAB
	运筹学	48/6	三	Lingo
	数学建模	64/8	四、五	MATLAB, Lingo
	数学建模实验	40/40	五(期末 2 周)	MATLAB, Lingo, SPSS
	金融计算	40/28	六(期末 2 周)	MATLAB
统计	SPSS 软件	40/28	四(期末 2 周)	SPSS
	SAS 软件	40/28	六(期末 2 周)	SAS
	时间序列分析	48/8	六	R
工科	高等数学实验	32/16	三或四	MATLAB
	数学建模	32/8	每学期选修	MATLAB

注:1 学时=45 分钟。

我们的"数学实验"类课程采用组合考核方式,即按照平时练习、阶段论文、期末考试几部分来综合评定成绩,而不是单纯靠一张考卷确定成绩。例如,"高等数

学实验"上机考勤 20%,上机开卷考试 80%;"数学建模实验"上机考勤 20%,小组论文 40%,上机开卷考试 40%;"SAS 软件"上机考勤 20%,编程作业 40%,上机开卷考试 40%。在这种上机开卷考试中,计算机就是一个功能强大的计算器,学生允许使用任何参考资料(包括准备好的参考程序),用计算机编程作答,然后在考卷上写出编程代码和计算结果。为了防止作弊,我们采用了以下措施:①单双号机位分别用 A,B 卷,保证相邻机位试卷不同;②考试中关闭网络(涉及网上查资料的题除外);③学生按规定机位就座,严查换机位现象;④答卷必须由每个学生亲自交给监考教师,不允许由别人转交。在教学过程中,还制作了与《MATLAB 数学实验》教材配套的"高等数学实验"课程试题库。

我们编写的《MATLAB 数学实验》教材比较系统地介绍了大学"数学实验"的内容,在 MATLAB 软件基础上,涵盖了微积分、线性代数、概率统计、数值分析、运筹学和人工智能等课程的计算和建模实验。教材内容是在多年教学实践过程中形成,并汲取教师和学生的意见后精选而成的。尽管跨度很大,但篇幅简练清晰,并对学生易犯错误或常见困难作了着重说明和解释,所以,学生们普遍感觉容易接受,效果很好。由于教材中数学建模程序丰富,还被很多参加数学建模竞赛的大学生作为竞赛培训资料使用。据高等教育出版社的不完全统计,自 2006 年出版以来,本教材已印刷 8 次,共计 3.4 万册,被全国 17 个省市 60 多所高校采用。该教材入选"十二五"国家级规划教材并于 2014 年 2 月发行第二版。第二版主要的修订有两个方面:①体现了 MATLAB 软件的升级更新;②补充了数学建模竞赛中的一些常用函数和程序。

三、实践中的问题与思考

在教学实践中,我们也遇到了一些困惑和问题。通过与国内同行交流,发现这些问题具有一定的普遍性。

1. 软件平台选取问题:单个软件还是多个软件

不同课程使用统一的数学软件好,还是用不同的软件好呢? 选用的软件太多,必然要花费很多学习时间,挤压了"数学实验"的核心内容。使用 MATLAB 这类通用性较好的软件平台可以减少软件学习的时间,基本上可以处理课程中涉及的各类问题。但是,不同软件有各自的特长,也就有自身的缺陷。用 MATLAB 求解优化问题就不如 Lingo 方便和高效,特别是对于离散优化问题有很大的局限性;对统计分析问题,MATLAB 也不如 SPSS 或者 SAS 的结果那么丰富。从另一角度来说,多接触几个软件对学生就业也是有好处的。我们认为,这个问题不应一刀切,各校应根据自己的专业特点和师资状况选择适当的软件。同类型的软件选一个即可,建议从 MATLAB,Mathematica,Maple 中选择一种,再从 SPSS,SAS,R 中选择一种。例如,MATLAB+SPSS 是一个较好的组合。

2. 课程设置问题:单独开设还是融入主干课程

李大潜先生曾批评道[6]:"我们现在每门数学课的教材及教学,更多的是强调这一分支学科的特点和特色,但却削弱、淡化甚至割裂了与其他方面的联系,追求的是一种自我封闭、作茧自缚的状态,实际上陷入王婆卖瓜、自卖自夸的局面。这样做,会造成学生认识上的片面性,抑制了学生的创造性思维和想象,造成了课程间不必要的重叠和隔阂,也加重了学生的负担。"今天,我们的"数学实验"课何尝不是如此呢? 这类课程单独开设不是一个理想的状态。有朝一日,能将数学软件工具和数学建模思想融入到数学类主干课程中去,改革才能算真正的成功了。

3. 教学改革的怪圈:越改课时越多,越改学生负担越重

我们的教改往往是以减轻学生负担为理由提出的,但常常事与愿违,越改课时越多,越改学生负担越重。教改中,我们增加了"数学实验"与"数学建模"课,但原来的数学理论课时并没有减少,减少了怕影响考研成功率。况且,教材和教学内容不作更新,技术上也难以减少课时或者减低理论部分的要求。如果不对数学课程体系作系统性的优化调整,这样的教学改革注定是以加重学生负担为代价的。

4. 师资问题:大多数教师不懂数学软件,推广困难

今天,"数学实验"类课程单独开设,恐怕也是无奈之举。其中一个主要原因是目前的师资还不能满足全面改革的要求。很多学校搞了多年的改革,往往还是只能停留在实验阶段,限于少数教师、少数班级,大面积推广有困难,因为大多数教师不懂数学软件。看来,要真正将软件实验教学融入数学课程,师资力量的培训与更新换代一定要跟上。

5. "数学建模"的教改热与科研冷

随着数学建模竞赛活动影响的日益扩大,"数学建模"课程及其相关的活动成为数学教学改革的突破口,占据了各省市教学成果奖和精品课程的主要位置。然而,与"数学建模"相关的科研活动却乏善可陈。其结果是,数学建模的优秀案例太少,好的竞赛题匮乏,数学建模教材的案例抄来抄去。究其原因,问题还是出在政策导向方面。现在的大学,由于过度强调科研成果的考核和评定,大大淡化了对教学研究的要求。数学建模的优秀案例来自数学工作者对工程实际问题中数学应用

的提炼,这就要求数学教师要直接面向工程实际,潜心做数学建模的研究,这往往需要相当长的时间,研究结果或者由于理论层次不高,或者由于创新不够,却难以发表在 SCI 收录期刊上,对教师升等升级帮助不大。没有高质量的数学应用研究,就没有高质量的数学建模教学。看来要真正提高数学建模教学水平,必须要扭转过度追求 SCI 收录的科研考核标准。

四、大面积数学课程的分类型教学改革

近十年来,随着高等教育扩招和社会发展变化,大学数学教学出现了一些新的挑战。一方面,学生的数学基础水平有所下降,发展志向差异也日益增大;另一方面,我们的教学内容仍然采取统一要求,与十年前相比,没有明显变化。呈现的突出问题是教学班过大,不及格率居高不下,学生的学习兴趣不高,只会解题不懂应用,等等。

针对上述问题,我们经过广泛讨论和研究,2013 年启动了分类型教学改革。基本思路是将学生按学术型和应用型两种类型来培养。对于基础好且有继续深造志向的学生,按学术型人才培养,加强数学理论知识学习,同时,通过数学竞赛和数学建模竞赛锻炼其分析和应用能力,为进一步深造打下坚实的数学基础;对于其他学生,按应用型人才培养,将数学实验融入主干课程,注重数学理论与实际应用的结合,形成专业人才必需的数学知识结构,使其具备较强的应用能力和就业竞争力。课程安排见表 2。

表 2 东华大学数学课程的分类型改革

类	课程	性质	学期	学分	教材	实验
学术型	高等数学	必修	1 和 2	12	同济《微积分》	无
	线性代数	必修	2 或 3	2	同济《线性代数》	无
	概率统计(理工类)	必修	3 或 4	3	东华《概率论与数理统计》	无
	概率统计(经管类)	必修	3 或 4	3	人大《概率论与数理统计》	无
	数学建模	选修	3—6	2	清华《数学模型》	有
	数学提高	选修	6 和 7	4	自编讲义	无
应用型	高等数学	必修	1 和 2	12	《托马斯微积分》[7]	有
	线性代数	必修	2 或 3	2	《线性代数及其应用》[8]	有
	概率统计	必修	3 或 4	3	自编讲义	有
	高等数学实验	必修	3 或 4	2	东华《MATLAB 数学实验》	有
	数学提高	选修	6 和 7	4	自编讲义	无

参 考 文 献

［1］姜启源,等.大学数学实验[M].2 版.北京:清华大学出版社,2010.

［2］李尚志.数学实验[M].2 版.北京:高等教育出版社,2010.

［3］乐经良,等.数学实验[M].2 版.北京:高等教育出版社,2011.

［4］许建强,乐经良,胡良剑.国内数学实验课程开设现状调查分析[J].大学数学,2010,26(4):
1-4.

［5］胡良剑,孙晓君.MATLAB 数学实验[M].2 版.北京:高等教育出版社,2014.

［6］李大潜.愿更多的数学精品教材成为传世的经典[J].中国大学教学,2012(12):4-7.

［7］F. W. Giordano.托马斯微积分[M].10 版.叶其孝,等,译.北京:高等教育出版社,2003.

［8］David C. Lay.线性代数及其应用[M].3 版.刘深泉,等,译.北京:机械工业出版社,2005.

附 录

作者:胡良剑,东华大学理学院应用数学系

电话:021-67792089-543

邮箱:Ljhu@dhu.edu.cn

中外合作办学机制下数学基础课
教学的若干探索与认识

刘 刚 牛 强 马 飞

（西交利物浦大学）

摘 要：西交利物浦大学是一所国际化程度较高的中外合作大学，其教学质量需要得到英国教学质量保证体系的认证和严格监控。为适应学生国际化的发展方向，西交利物浦大学数理中心在充分考虑中国国情的基础上对数学基础课教学进行了若干探索与创新。我们认真总结了若干中外大学数学基础课教学的经验基础，积极调整并设计了一套面向国际化的教学内容与讲学方案。通过先进的网络技术，初步构建成了一套有助于学生自主学习的教育平台。本文对西交利物浦大学数学基础课教学的若干实践进行简单总结，以期对其他中外合作办学院校提供参考。

关键词：国际化 数学基础课教学 主动学习

Abstract：Xi'an Jiaotong Liverpool University is a highly internationalized joint venture sino-western cooperation university，whose teaching quality has been strictly assessed and evaluated by the British Quality Assurance Agency. Considering the practical background of the students，the Mathematics and Physics Centre has made extensive investigation and innovation to meet the internationalization requirements. Based on the deep research on the merits of both Chinese and western university mathematics teaching，we have developed a set of internationalized teaching contents and module specifications. Web-based learning platform is incorporated in the teaching process to encourage students to perform active learning. This paper summarizes some practices that could be referred as the reference for other universities.

Keywords：Internationalization，Fundamental Mathematics Teaching，Active Learning

自 2003 年中外合作办学条例颁布以来，中外合作大学得到了蓬勃的发展。最早一批成立的西交利物浦大学、宁波诺丁汉大学以及北京师范大学—香港浸会大学联合国际学院等高校已有近 10 年的历史。这些中外合作大学在运行机制上各有千秋,基本都采用了全英文的教学模式,毕业生也基本以到国外或香港等地攻读硕士、博士研究生为主,总体而言,这些中外合作大学的毕业生得到了社会的广泛认可。近年来,上海纽约大学、香港中文大学(深圳)、昆山杜克大学、东南大学—莫纳什大学、广东以色列理工学院等中外合作大学陆续成立。因此,中国本土的中外合作大学数学基础课教学如何有效开展变成一项全新而紧迫的研究课题。本文以西交利物浦大学为例,总结了一些数学基础课教学过程中的一些初步经验,希望对兄弟院校能够起到抛砖引玉的作用。

西交利物浦大学于 2006 年开始招收第一批学生。办学 8 年来,已创立 30 余个专业。学校近 80％专业教师属于外籍。2012 年毕业生统计中,有 83％以上的学生申请到欧、美等著名高校进一步深造。针对这个实际情况,数学基础课势必要结合国际化教学内容和教学思路。同时,如何在中外合作办学体制下发挥中国数学雄厚基础,融入中国数学教学特色,也是数理中心努力的方向。

我们曾对中英两国的数学基础课教学情况做过认真分析。中国数学基础课以宽基础、多学时为特点,学生的平均数学计算水平较高,但对概念以及数学思想的理解程度在考查上往往不够。中文教程注重严格的逻辑体系,授课以教师讲授为主。而英国学生数学基础相对薄弱,学时短,相比于严格的逻辑体系更注重知识的应用性,调动学生的积极性,鼓励学生的创造性。所以,西交利物浦大学既要发挥中国数学教学的优势,又要注重学生主动学习能力的培养,为学生在校的进一步学习甚至研究生学习奠定基础。西交利物浦大学从开始就把孩子当成是年轻的成年人,让孩子自主地选择专业,自己规划自己的学习活动,自己平衡大学学习与学生社团的关系。这样的环境有利于学生的健康成长,为学生转变为世界公民提供便利条件。帮助学生完成从中学应试型学习到大学主动学习的转变是大学学习中的关键任务,数学作为能力培养的重要载体,在其中起着重要的作用。在西浦过去的几届毕业生中每年有 10％以上的学生会被全球排名前十的大学录取,90％左右的学生会在国际知名大学攻读硕士、博士学位。因此,国际化是学生的主要发展方向,加之从二年级开始全英文的授课,我们需要考虑数学教学与英文的早期结合。双语甚至全英语在数学教学中不再是一种点缀,而是必须全面执行的任务。

英国教育的一个重要特色在于其严格的质量保证体系。独立的质量保证机构会定期对各个大学进行审查,西交利物浦大学也在其中。而审查的结果会以官方文件的形式下发给学校,学校需要制定详细的行动计划来解决所遇到的所有问题。同时,英国的利物浦大学会对这个学校进行每年的审查,从教学到考核,从科研到学校发展,每一个相关的意见和建议都要有针对性的措施来执行。西浦的试卷有严格的内部审查、外部审查、利物浦大学审查等程序,而最终的成绩要经过学校考试委员会来认定。为了确保质量,学校有超过 5 学分不及格或者 5 学分内核心课程补考不及格留级的制度。在过去几年都有为数不少的学生因为这个原因不能升到高一年级或者毕业。

学生在学校中有充分的自由，他们可以有选择地不来上课而去参加社团活动，也可以选择通宵达旦地在教室自学；可以选择每天来跟老师讨论，也可以选择参加数学社自己组织的小班教学。另外，学校每年提供经费供学生夏天跟老师做科研，叫做 summer research project。总之，建立以学生为中心的学生学习体系，发挥学生的主动精神与创造性是西浦数学教学中的一个特色。很多老师都会有这样的经验，课上讲得非常仔细，几乎动用了所有可以动用的手段，但是学生就是没有反应，反而对你刚刚讲过的内容提出简单问题。寻求原因，学生没有足够的准备可能是其中一个原因。我们鼓励老师在教学中往后退一步，推动学生向前一步，让学生主动发掘学习中的难点和重点，主动探究数学问题。在这一方面，我们西浦有一个很好的例子，学生对于代数数论有兴趣，找到了老师，这样我们就针对这样的学生作了专题讲座。学生社团对于学生的主动学习提供了很有益的帮助。社团把多年给学生的复习资料整理成册，供所有学生复习使用。学有余力的学生主动给学有困难的学生进行讲课，老师只在其中适当进行指导。以学生社团、学生组织为单位向老师"订购"学习内容，成为了我们数学教学中的一个鲜明的特色。学生的自主、自立需要有对学生学习、生活、心理全方面指导的全面辅导体系作为支撑。英制的教学是一种结果教育，在注重过程的同时，更是要用结果来衡量过程的好坏。在超过5学分不及格就不能升级并且只要是5学分核心课程不及格也不能升级的严格的政策下，学生必须从一开始就打起精神，认真对待学习中的各种问题。至于那些不能达到标准的学生，就不得不重修未及格的课程。很多学生在上大学之前从来没考过不及格，到了这里，一旦他们放松，就可能会有跌倒的危险。为了应对学生学习中的困难、生活中遇到的问题，数理中心采用了相应的全面辅导体系，让学有余力的同学可以获得更多的学习资料，让学有困难的学生可以及时获得帮助。在刚性的学校政策下，补充了柔性的人性化的支撑平台。

在西交利物浦大学，作为课外活动之一的数学建模已经渐渐成为学校文化的一部分[1]。有相当数量的学生利用自己的业余时间自主学习数学建模知识，争相参加美国数学建模竞赛，形成了良好的研究氛围。在学校领导的大力支持下，学生参加美国数学建模竞赛不以获奖为目的，不作选拔，只为学生能力培养提供一个锻炼的平台。数学建模作为一个重要的载体，在培养学生应用数学解决实际问题能力、英文科技论文的写作能力以及团队合作能力等方面起到了重要作用。曾经有英语专业的三个学生获得美国建模竞赛的一等奖。在近三年美国数学建模竞赛中，我们学生获得了 21 个一等奖和 64 个二等奖的良好成绩。考虑到我校参加数学建模的学生大部分为二年级的学生，而他们所学过的数学课程也主要就是微积分和线性代数。其他所有的数学建模方法都是他们课外花时间去自学的,能取得这样的成绩已属不易。有时候数学老师是否可以考虑向体育老师学习,让学生都"行动"起来的!

国际化的教学内容不是原有内容的简单拼凑或者原有框架下的进一步完善,而是经过中外的比较研究,吸收国外先进教学理念和教学内容,注重中外教材优点的交流互补与融合提高。数理中心曾承担了国家的中美微积分教材比较研究的项目,在完成项目的同时,我们不断地更新和完善微积分的教学内容,在教学中淡化数学技巧,加强基本概念的理解和基础知识的掌握,强化数学应用[2]。比如微积分教学体现直观化处理,重视极限的描述定义,淡化精确定义,只对有兴趣的同学指导他们去研读。重视导数作为变化率的内涵,用变化率来解释复合函数的链式法则,反函数、隐函数、参数方程的求导法则,还把变化率的思想贯穿到中值定理、函数单调性、曲线的凸凹方向、极值等内容的理解中,避免知识的碎片化。注重数学思想在教学中的重要作用,比如利用以直代曲的思想讲授微分的概念,在泰勒公式教学中用数值与图形相结合的方式突出函数逼近思想。西方微积分教学中突出数值计算的实际应用,我们进行了借鉴,比如在利用变量代换求解微分方程的时候,介绍了通过变量代换实现变量从有量纲到无量纲的转变。在线性代数的教学中,我们根据学生不同专业的需求,分成 26 学时和 52 学时的两种不同的讲授方法。教学中以矩阵行初等变换为主要方法,以方程组为主线,贯穿线性代数的教学。还介绍了矩阵的 LU 分解和 LDU 分解等与数值计算联系紧密的内容。对于方程组的解,我们对于超定方程组无解的情形给予了重视,给出最小二乘解。重视线性代数与函数优化、微积分、解析几何等的联系,让学生以应用的角度来学习线性代数。针对数学要求不高的专业,我们提供了概率统计的课程。教学中我们使用英文的原版教材,重视数学软件在统计中的应用,强调统计在实际生活中的应用。使用培生给学校搭建的网上教学平台,让学生熟悉英文网站的使用,自主地在网络平台中获取所学知识。

随着美国新媒体联盟公布 MOOC[3] 作为影响世界教育的重大因素之一,越来越多的国内大学开始着手应对这方面的影响。我们同培生出版商合作搭建了 Mylabplus. xjtlu. edu. cn 的网络教学平台,其中融合了教学视频、教学课件与课后复习课件、习题解答、网上作业、作业平台每个题目答题时间统计、实际统计数据等丰富教学资源与统计资源。所有的注册统计学的同学都需要通过这个平台来完成作业,并且利用这个平台进行网上答疑。实际上,这个平台是培生花了近 20 年的时间多方面投入建立起来、比较成熟的一个网络教学体系。学生不但可以学到很多课程相关的知识,更可以根据自己的学习特点利用更多的教学资源进行自主学习。ICE 是西浦全校联合的教学平台和教学管理平台,通过这个平台,师生可以分享教学资源,就各种问题进行交流讨论,也可以提交网上作业,进行网上的课程问卷调查等活动。数理中心利用 ICE 给学生提供了丰富的教学资源、阅读材料等。Clickers 是可以提供课程及时的反馈的硬件,我们从本学期开始有三位老师尝试在课上使用。同时,学校与联通公司进行合作,考虑使用无线的装置进行课堂及时反馈系统的探索。当前我们正考虑使用 ipad 或者写字板进行辅助教学的活动,增加课堂教育与现代化手段的结合。

数理中心通过 ICE 课程论坛、人人网、微博、微信等与学生充分交流,适时提醒学生关注自己的学习进展。我们多位教授在网络上开通了自己的账号,与同学进行数学学习的体会以及生活经历的分享,其中韩云瑞教授在 11 月份已有超过5 000 名好友,而他博客最近访问量达到了 47 042 次。数理中心充分利用现代化的教学手段,积极地开拓新的教学方式与教学手段。我们也在积极考虑使用 QQ 群作为工具进行在线的辅导答疑,使用学校新建立的 portal 发布有关学习讲座等的信息。

中外合作办学的数学基础课教学不再是简单的中式或者西式的拷贝,而是融合了双方优势的互补平台。这个平台服从和服务于国际化的发展方向,旨在完成双语教学到全英文教学的转变,被动学习向主动学习的转变,以及课程学习到职业发展规划的转变。同时,国际化的学习也要求学生掌握人际交流的语言——英语,人机交流的语言——数学软件,关键词搜索等,更要把握好现代科际交流的语言——数学。

参 考 文 献

[1] 韩云瑞. 中西教学理念在西交利物浦大学的碰撞和交融[J]. 大学数学,2010,26(S1):81-85.

[2] 郭镜明. 大学数学基础课教学的理念与实践[N]. 扬子晚报,2009.

[3] 2013 地平线报告,美国新媒体联盟,2013.

基于素质拓展为导向的高等数学
教学改革研究

吴蓓蓓　徐　丽　孙玉芹

（上海电力学院数理学院）

摘　要：高等数学课程不仅要传授知识，更要注重传授数学的思想和方法。本文阐述了高等数学素质教育的重要性，从数学文化素质、科学思维素质和实践创新素质三方面，探讨了高等数学创新型教学应以素质拓展为导向，在科学思维和科学方法指导下提高学生的应用能力与创新能力。

关键词：素质教育　高等数学　应用能力　创新思维

Abstract：The higher mathematics course should impart not only knowledge but also ideas and methods of mathematics. The importance of quality education in higher mathematics is expounded. The innovative teaching of higher mathematics based onthe quality development orientation is discussed in the aspects of the mathematics culture quality, quality of scientific thinking and practice innovation quality. The students' application ability and creative ability should be improved under the guidance of scientific thinking and scientific methods.

Keywords：quality education，higher mathematics，application ability，creative thinking

高等数学是面向高校本科生开设的最重要的基础课之一。目前，大多数任课教师在高等数学教学中基本上采用"知识引入＋概念、定理＋典型例题＋模仿练习"的模式[1]。这种单一的教学形式可能导致学生对所学的知识"不知怎么来的也不知有何用处"，逐渐失去学习高等数学的兴趣。虽然有时会考出好成绩，但是缺乏学习的积极性和主动性以及对高等数学的实践应用能力。

复旦大学李大潜院士曾说过，数学教育本质上是一种素质教育。学习数学，不仅要学到许多重要的数学概念、方法和结论，更要领会数学的精神实质和思想方法。因此，高等数学的教学应该以突出数学文化的育人功能为主线，服务于素质教育；以培养学生的创新能力和实践能力为重点，强调能力培养[1]。要不断更新教学观念,改进教学模式,创造良好的课堂教学情景,让学生轻轻松松地学习。为学生个性发展与素质和能力培养创造条件与环境,培养学生优良的思维品质,从而达到高等数学教学的最终目的。

一、培养学生的数学文化素质

数学科学作为一种文化,不仅是整个人类文化的重要组成部分,而且始终是推进人类文化的重要力量[2]。与自然科学相比,数学更是积累性科学。数学史是学习数学、认识数学的工具,展现了数学问题的提出、解决与发展过程[3],为科学研究提供了经验教训和历史借鉴,也为当今科技发展决策的制定提供了依据。教师应当结合数学发展史,给学生解读书本背后的"故事",了解定义、定理、公式的来源,使数学知识成为有源之水、有本之木。通过背景知识的介绍,可以让学生更好地掌握数学概念的产生,特别是数学思想方法的形成,有助于学生增加学习高等数学课的兴趣,提高数学文化素养。

在高等数学教学过程中,遇到与有名的人物、事例相关的教学内容,就可以给学生进行相关的数学史介绍。例如,泰勒中值定理涉及泰勒、麦克劳林、拉格朗日和佩亚诺四位数学家,常常会让学生感到困惑,这时可以给学生介绍一下泰勒公式的研究发展过程:17 世纪后期和 18 世纪,为了适应航海、天文学和地理学的需要,要求三角函数、对数函数和航海表的插值有较大的精度。1712 年,英国数学家泰勒在格列哥里-牛顿内插公式基础上得出了一个重要公式,即泰勒公式,并于 1715 年以定理的形式载入他的著作《增量法及其逆》中。1742 年,英国数学家麦克劳林在《流数论》中给出了泰勒公式的一种特殊情形,即现今称之为麦克劳林公式。1797 年,法国数学家拉格朗日在《解析函数论》中,用代数方法率先证明了泰勒展开式,并给出了带有拉格朗日型余项的泰勒展开式。1839 年,法国数学家柯西在《关于级数的收敛》一书中给出了泰勒公式的严格证明。1893 年,佩亚诺发表了《无穷小分析教程》,被德国的数学百科全书列在"自欧拉和柯西时代以来最重要的 19 本微积分教科书"之中。佩亚诺在撰写的《数学百科全书》中给出了多元函数泰勒展开的条件。

在教学中结合数学发展史,培养学生的数学文化素质,这样做,既可以丰富教学内容,又可以活跃课堂气氛,让学生对数学发展的来龙去脉有清楚的认识,加强数学思想方法的学习。同时用一些优秀数学家的事迹去激励鞭策他们学习,意识到科学探索的艰辛,培养学生刻苦钻研、锲而不舍的品质以及严谨的科学态度。此外,鼓励学生多读一些优秀的中外数学书籍以及多浏览一些数学网站,提升文化修养。

二、提高学生的科学思维素质

科学思维是一种建立在事实和逻辑基础上的理性思考[4]。高等数学的学习过程就是科学思维方法的学习和应用过程。爱因斯坦说:"提出一个问题往往比解决一个问题更重要。"引导和鼓励学生提出问题、发现问题是很有意义的,即使经过检验发现这个问题是错误的,但对学生的思维训练也是有益的。因此,在高等数学的教学中,教师要抓住适当的时机主动地引导、启发学生提出问题[5]。

培养创造性思维的核心是启动学生积极思维,引导他们主动获取知识,培养分析问题和解决问题的能力。对于数学中的问题或习题,主要告诉学生应如何去想,从哪方面去想,怎样解决问题[6]。在高等数学教学中,要鼓励学生大胆猜想,从简单的、直观的入手,根据数形对应关系或已有的知识,进行主观猜想或判断,或者将简单的结果进行延伸、扩充,从而得出所求问题的结论。例如,已知函数 $\ln(1+x)$ 的幂级数展开式有

$$\ln(1+x) = \sum_{n=0}^{\infty} \frac{(-1)^n}{n+1} x^{n+1}, \quad -1 < x \leqslant 1,$$

利用这一结果可以得到幂级数 $\sum_{n=1}^{\infty} \frac{x^n}{n}$ 的和函数 $s(x)$,即

$$s(x) = \sum_{n=1}^{\infty} \frac{x^n}{n} = -\ln(1-x), \quad -1 \leqslant x < 1,$$

于是,可以求出级数 $\sum_{n=1}^{\infty} \frac{(-1)^n}{n}$ 的和为 $-\ln 2$。

在高等数学教学中,要培养学生的思维能力和应用能力仅仅依赖于教材和课堂教学中相关例题、习题是远远不够的。充分有效地将高等数学知识运用到自然科学、社会科学、日常生活和生产活动等多个领域,从而解决这些领域的实际问题,不仅是高等数学科学的价值所在和目标追求,也是调动大学生学习高等数学的积极性和主动性的前提与基础[1]。让学生在应用中加深对数学概念、思想和方法的理解,鼓励学生对问题从不同的角度、不同的侧面去观察、思考、想象,寻找解决问题的多种方法、方案。培养学生的创新思维能力,提高学生运用知识分析问题和解决问题的能力。

三、激发学生的实践创新素质

抽象与具体、逻辑与直观是数学教学中永恒的矛盾,学生往往对抽象的、逻辑

性强的数学理论理解不透彻，应用不灵活。在高等数学教学中开设一些实践课，利用数学软件如 MATLAB 或 Mathematica，既可以准确无误地进行代数运算、求极限、求微商、求积分，还可以进行向量运算、解微分方程、把函数展开成幂级数、绘三维图形等。

在高等数学教学中，借助于数学软件绘制的几何图形，可以直观、充分地体现高等数学概念、定理的内涵，克服传统教学中讲解内容抽象、手工绘图不准确的不足，而且可以帮助学生理解相关或难懂的概念、定理、性质，有利于提高教学效果[7]。例如，

$$\lim_{x \to 0} \frac{\sin x}{x} = 1, \quad \lim_{x \to \infty} \frac{\sin x}{x} = 0$$

两函数极限证明过程比较抽象，技巧性也比较强，学生很容易出错。在教学中可以通过数学软件 Mathematica 作图，在 Mathematica 命令窗口输入语句：

$$\text{Plot}[\text{Sin}[x]/x, \{x, -200, 200\}, \text{PlotRange} \to \text{All}]$$

输出结果见图 1。

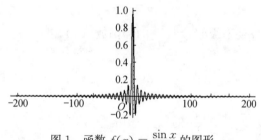

图 1　函数 $f(x) = \dfrac{\sin x}{x}$ 的图形

从图形观察极限的趋近过程：当 $x \to 0$ 时，$f(x) \to 1$；当 $x \to \infty$ 时，$f(x) \to 0$。图形的直观效果，使学生一目了然，比单纯的分析"公式语言"形象容易得多，使学生能很好地体会极限的含义。用计算机辅助教学，让学生在计算机软件的帮助下学习高等数学知识，可以充分加深对概念和理论的理解。引导学生从数学实验中去学习、探索和发现数学规律。

数学建模是运用数学的思想、方法和知识解决实际问题的一个过程，是培养创新精神和创新思维能力的重要途径[8]。学生参与数学建模，不但拓宽了知识面，而且可以体验到探索、发现和创造的过程。培养学生的建模能力，无疑会激发学生学习数学的兴趣和主动性，是提高学生创新意识和能力、增强数学应用意识与能力的好途径。同时，对于开拓学生视野，养成发现问题、独立思考的习惯有着重要作用。

通过高等数学的教学，一方面可以使学生获得传统微积分知识和一些现代数

学的初步知识,另一方面,更重要的是将数学知识、数学建模和计算机应用三者融为一体,可以提高学生的综合素质,增强应用数学的能力,激发学生积极参与科学研究、技术开发、学科竞赛等各类活动的热情,为大学生创新活动搭建平台。

四、结束语

本文更新教学观念、改进教学方法,对高等数学课程从教学模式、教学手段、教学内容等方面提出改革,改变传统的"填鸭"式教学,采用"数学背景知识介绍＋数学原理讲授＋数学应用推广＋计算机实现"的教学新模式,形成高等数学多元化、多角度、多层次的教学风格。旨在激发学生的学习兴趣,充分调动学习的积极性,培养学生的创新思维能力和应用能力,最终达到提高学生的人文素养和科学素质,以及培养具有创新精神和实践能力的高素质人才的目的。

参 考 文 献

［1］丁虹,王吟,李美蓉.关于对高等数学教学改革的若干思考与建议[J].合肥师范学院学报,2010,28(6):10-12.
［2］陈丽.浅谈数学史在高等数学教学中的教育作用[J].学园,2012(1):59-60.
［3］吴珊.数学史在大学数学教学中的应用[J].吉林教育,2009(10):15-16.
［4］肖琴.试论大学生科学思维能力的培养[J].太原城市职业技术学院学报,2010(10):88-89.
［5］杨小平.浅谈学生创造性思维能力的培养[J].科教文汇,2007,1(1):46.
［6］于河.浅谈数学创造性思维及其培养[J].今日科苑,2007(8):139.
［7］纪宏伟.几何图形在高等数学中的作用及在 Maple 下的实现[J].高师理科学刊,2011(3):84-86.
［8］张爱真.高职数学教学中学生创新能力培养[J].才智,2011(3):121.

附 录

作者:吴蓓蓓,徐丽,孙玉芹,上海电力学院数理学院
第一作者吴蓓蓓电话:13371896271
邮箱:beibei.wu@shiep.edu.cn or wu_bb@aliyun.com

文科高数教学改革与学生学习心理分析

王 龙[①]

（上海政法学院经济管理学院）

摘 要：文理渗透已成为当今高教改革的方向之一，为此，全国大多数高校的文科专业开设高等数学课程已有多年。通过教学实践与探索，应该说取得了一定的成就，但也存在着一些亟待解决的问题。本文试图从心理学和数学教育学的理论角度来进行分析，为解决这些问题提供一些理论上的支持，并借此倡导文科高数教师要更加关注教学理念和方式的转变，以切实提高高数教学质量。

关键词：文科高数 "教"的方法 "学"的规律

Abstract：The cross of the arts and science has already been the orientation of the higher education reform, as most of the universities has launch the high level math for many years. Great achievements have been done through lecturing exploration and practice but there still some problems need to be solved. This paper is try to provide theory support for solving these problems from the perspective of psychology and math education methodology, and also appeals those people who are doing math education for the art students should be more focusing on the evolution of the education methodology and manner in order to enhance the high math education quality.

Keywords：higher mathematics in liberal arts，"Teaching" method，the rale of "learning"

就目前文科专业数学教学的实际情况来看，大多数学校依旧是把理工科高数教学的那一整套搬过来(当然要删减教学内容、压缩教学课时)，其教学方法也依然是传统数学教学方法，即固守课堂中心、教师中心、书本中心，教学基本理念仍然是对学生"从严从难"、"学习就是操作，操作就能掌握"。在这样的理念指导下，忽视了教学对象的特殊性，淡化了文科学生在数学学习中的特殊认知结构和特殊认知规律，学生完全置于被动地位，学生的智力活动被限定在教师所指定的狭小范围

---

① 王龙，上海政法学院经济管理学院数学教研室主任、教授。

内,学生学习数学的趣味性和创造性被大大地抑制了。尤其是,有许多文科学生本来数学基础就薄弱,对数学不感兴趣,现在又成天接触的是一大堆枯燥无味的公式、法则和看不懂的符号,再加上文科高数在教学计划中的学时又相对较少,无形中又加大了学习压力。其教学结果是:缺乏学习数学兴趣→不认真学习→不会做题→知识未掌握→更加没有兴趣→失去学习数学的信心→最后讨厌数学、害怕数学。久而久之,有许多学生产生了焦虑和对学习的逆反心理。这显然不是在文科专业开设高等数学课程的初衷。

为了这些解决问题,我们必须回到最原始的命题:文科高数到底应该教什么?如何教?由于受文章篇幅所限,这里主要探讨第二个问题中的"学"的问题,即高数教学中的"学"的规律问题。

与理工科学生相比,文科学生在学习高等数学的过程中,必须面临且需突破的三大门槛,即繁琐的数学符号记忆、抽象知识的迁移以及非智力因素的影响。

一、高数学习与记忆

我们认为,不管是理工科学生还是文科学生,学习高等数学都需要一定量的记忆,然而,因文科学生知识背景、学习基础、认识结构以及学习目标与理工科学生有着较大的不同,这就决定了文科学生记忆方法的差异性。

对于文科学生来说,由于学习高数难度大、内容多、逻辑性强等原因,要想学好高数,就必须熟记高数内容的基本框架、逻辑推演的基本步骤以及基本公式等,这样,在学习新内容或解决疑难问题时,就能够在较短的时间内调动所有的知识信息"围攻"要解决的问题,并产生"明智"的思路,从而达到理解并灵活运用高等数学知识的目的。

1. 文科学生学习高数的记忆要点

(1) 突出灵活:文科学生思维特点之一是他们习惯于以机械积累记忆为基础,然而,学习高数要求记忆既要准确,更要灵活。对高数知识的记忆不能模模糊糊地记其大概意思,也不能掺入日常的感性因素,想当然地误下结论,同时又不能机械、呆板地记忆,而应该依据高数知识的内在逻辑联系,系统地记住各个知识点及其相互关系,这样才有利于减轻记忆负担,使得愉快地学习高等数学成为可能,这就要求教师注重教学策略,尤其对一些典型的数学方法,不仅要求学生能按照教学内容的要求顺用,而且还能逆用,并多次练习,特别是能改变条件或者创造条件灵活地运用和推广,即尽量多地采用变式教学法使知识变活,为使记忆变活打下基础。

(2) 突出归纳:文科学生思维的特点之二是"发散性思维"占一定的优势,而且一般较善于定性总结，有了总结，就可以进行适时比较。学习高数需要一定的机械记忆，它是学习高数的基础，但仅仅只有机械记忆还远远不够，而且是不"明智"的，还必须由机械记忆上升到理解记忆，这是质的变化，在这个变化过程中，有一个非常重要的"一环"，那就是归纳，正因为有了归纳，才有比较，有了比较，才有总结，然而，这一点却是文科学生不习惯或不善于做的事，即使做了归纳，那也多半是"大致的"、"定性的"，其"精确度"远远不够。我们认为这正是文科学生高数学习记忆最突出的"软肋"之一。当然，这也正是文科高数教学最值得注意的地方之一。事实上，只有将所要学的数学知识、认知结构与原有的知识、认知结构和经验进行适当形式的比较后，再概括成与新的认知结构相符的一般模式，才能深化所学的知识，并能灵活记忆数学知识。

2. 文科学生学习高数记忆的过程

在此我们将高数记忆的过程分为三个阶段，即识记阶段、保持阶段和再现阶段。

识记阶段：就是把感知的新知识与原有数学知识结构相互关联起来，从而获得新的意义的阶段，它是一个反复感知的过程。一般来说，文科学生在识记阶段，导致记忆错误的原因多半在于学生的原有的数学认知结构与个人当时的态度倾向出现偏差。

保持阶段：就是指保持新获得的意义，即确保新知识在原有数学认知结构中的一席之地，意义的保持是新知识与原有数学认知结构继续相互作用的过程。保持阶段是导致意义获得同化过程的后一阶段，在这里，新意义不仅被保持下来，而且还要使新获得的意义更加牢固，新获得的知识更有条理性。然而，此处正是文科数学教学中的弱项之一，因为文科数学教时本来就少，而且可能被许多其他学科知识所冲淡，因此，要尽可能地对文科数学教学时间段做出科学、合理的安排。

再现阶段：就是在需要（如：知识运用或接受更新知识等）的时候将保持的意义提取出来。它的要求是"提得出、放得稳"。

3. 影响高数记忆效果的主要因素

应该说，影响高数记忆效果的因素，既有客观因素，也有主观因素。总体说来，在文科高数教学中，应特别注意以下几个问题：

（1）内容组织优化。高数记忆主要以有意识记忆为主，只有当学习内容对学生构成潜在意识的时候，有意识记忆才能成为可能。这就要求对文科学生的认知结构、思维方式、兴趣爱好等有所了解，在组织教学内容时，要做到有的放矢。

（2）记忆目的明确。在文科高数教学的各个教学环节中，针对新的教学内容，记忆的目的越明确,学生就越容易记牢。要将识记的记忆任务明确化、固定化(主要考虑文科高数教学时间短,且分散),从而使学生形成新的知识和原有数学认知结构建立稳定联系的心理。进而达到记忆的同化过程顺利、记忆牢固的目的。

(3)要记忆,先注意。记忆总是与注意联系在一起的,没有注意,就不可能有记忆。由于瞬时记忆必须受到注意时才能形成短期记忆,而长期记忆是由短期记忆发展而来的,因此,只有对需要记忆的知识引起高度注意,并强调集中记忆,才能提高记忆的效果。

(4)构建丰富"指引"。依据心理学有关理论,要想在长期记忆中提取材料,最好,该材料是在长期记忆系统里或者是有办法接近长期记忆系统里的材料,而对于那些没有办法来接近长期记忆中的某些材料时,只能通过指引来提取。我们知道,一方面,高等数学是初中、高中数学的继续,学生学习的时间长、跨度大,知识系统庞大;另一方面,文科学生本来学的就是文科,非数学的知识点更丰富、各种材料更多,毫无疑问,文科学生在学习高等数学时,在很多情况下是要依靠指引来提取所需材料的。可见,在文科高等数学的教和学的过程中,必须高度重视创造恰当的条件为"指引"服务,在教学实践中,努力建立合适的"路标"是明智之举,如:将高度抽象的知识、结论"翻译"成简单、朴实的"话语";将高度抽象的材料与直观、生动的图形或图像紧密地联系起来;等等。因为,这些"话语"、图形等在认知结构中一般都比较稳定,记忆得非常牢固,换句话说,它在某种程度上就是高数材料和知识,即学生通过直观、生动的"话语"、图形等就易于记忆高度抽象的高数结论。

4. 高数学习的记忆策略

通过对上述影响高数记忆效果的主要因素的研究,并反复进行实地教学实验,可以探索记忆的一些策略:

(1)静心。由于文、理两科的知识特点有很大不同,学习的途径和方式大不一样,因此,文科学生在学习高数时,记忆要心平气和,要有耐心,要克服浮躁的心理,只有在心静的情况下,才能集中注意力进行记忆。

(2)形象。就是充分发挥文科学生的视角或想象能力的优势,把高数知识对象的意义与某些形象密切联系起来,以帮助对知识的记忆。

(3)对比。简单地说,就是对一些相似的知识和材料,进行归纳和对比,找出它们的相同点和不同点,从而达到强化记忆的功效,如:在微积分教学中,把二元微分与一元微分进行对比,既能使学生巩固、深化一元微分的概念,又能强化学生对二元微分知识的记忆。

(4)联想。可以说记忆和联想形影相随,事实上,记忆要依赖于联想,而联想则是在新旧知识之间建立联系的桥梁。在高数教学中，把一些相近的概念、命题、结论、性质、方法以及思路与已有的经验和知识联系起来就可以大大地强化记忆。如讲到积分时联想到微分，而积分恰恰就是微分的逆运算，这样的教学必然能强化学生对知识的记忆。

二、高数学习与迁移

1. 迁移的基本内涵

（1）迁移的含义

① 学习迁移。简单地说，迁移就是一种学习对另一种学习的影响，即在学习过程中，各门学科和各种技能之间，或同一门学科和技能的各个不同部门之间，存在着某种程度的相互影响的现象。

② 能力迁移。首先肯定的是，与知识、技能的掌握相比，能力的形成和发展的周期要长得多，但是，如果通过行之有效的学习方法做较长期的学习训练来培养能力、开发智力，则获得的发展能力要比获得一定范围内的知识或技能更具有广泛的迁移作用。因此，迁移是培养学生运用高等数学知识来分析问题和解决问题能力的重要途径。

（2）迁移的本质

如果从心理学发展的历史来看，对于迁移的本质有着不同的理解，或者说有着不同的侧重点，可以说是仁者见仁、智者见智。以下几种理解应该具有一定的代表性，它包括：①相同要素说；②形式训练说；③概括化理论说；④认知结构理论说。

简言之，迁移的本质就是不同学习阶段的相互影响，先前的学习会影响以后的学习，后来的学习对先前原有的学习也会产生影响，学习之间普遍会发生相互影响，这就是迁移的实质。

我们认为，就文科学生学习高数来说，认知结构理论说、概括化理论说以及形式训练说都有一定的理论指导作用，值得注意的是：相同要素说从本质上讲，就是共同刺激和反应的联接理论的另一种形式。为此，两种学习是否有相同要素，不能只看表面上是否有相同要素的存在，还要看学习者主观上能否辨认出是否有相同要素，如：对于微积分中定积分定义与不定积分的定义来说，从其定义的操作过程来看，二者之间没有什么相同要素，似乎是风马牛不相及的事，但通过后来发明的原函数存在定理知，二者存在着潜在的相同要素。可见，对于高数教学，应注意相同要素说是在一定条件下的灵活运用。

2. 促进数学学习迁移的策略

迁移既有正迁移,也有负迁移。正迁移是指一种知识、技能对另一种知识、技能的掌握产生积极的影响,即起促进作用。负迁移是指一种知识、技能对另一种知识、技能的掌握产生消极影响,即起干扰作用。在文科学生学习高等数学的过程中,只有教师重视并妥善解决好新旧知识之间、文科知识与理科知识之间、文科思维方式与理科思维方式之间的矛盾,实现知识、技能的正迁移,才能提高教学质量。为此,我们提出以下几点:

(1) 注重高数核心知识学习,为学习迁移创造条件

对于文科学生而言,首先,必须强化高等数学的基本概念、基本原理以及基本思维方法的学习与训练。这是因为当学习对象之间存在着相同的或相似的因素时,就能产生相互迁移的现象,而且共同因素越多,迁移就越容易产生,而掌握了高数的基本原理、基本思维方法,就会像"滚雪球"一样"衍生"出更多的相同或相似的因素,从而就越能产生学习正迁移,并进而达到顺利地掌握新知识、新技能的目的。其次,在讲授新内容时,教师要有意识地引导学生充分利用已经掌握的基本知识、基本方法,探求新旧知识之间、新旧方法之间的共同或相似点,指导学生"举一反三",以达到"触类旁通"效果,为理解和掌握抽象的高数知识创造迁移条件。

(2) 注重培养归纳能力,寻求新旧知识的共同原理

由概括化理论说知:在学习甲中所获得的东西,之所以能迁移到的学习乙中,那是因为在学习甲时获得了一般原理,这种一般原理可以部分或者全部运用于甲、乙之中,即产生迁移的关键是学习者在两种学习活动中概括出它们之间的共同原理。也就是说,学习对象之间共同因素的存在是产生迁移的客观条件,毫无疑问,在学习高等数学的过程中,能否产生学习迁移的关键之一取决于于学习者自身所具有的概括已掌握的知识、技能的水平,在学习过程中,学生根据已有知识、经验去认识新知识,并把新的知识纳入已有的知识系统中。对此,如果学生对已有知识经验的概括化水平越高,就越能揭示某些同类新知识的实质,从而产生的正迁移就越广泛和越深远。然而,文科学生一般却不善于按照理工科的要求去归纳现有的知识和方法,或者说归纳得不"精确"。基于这样的理由,在文科高数教学中,教师应首先把归纳、分析数学知识的教学放在重要位置,其次,要潜移默化地引导学生自己归纳和探求新旧知识的内部规律和共同原理,引导学生对发现新旧知识之间关系的兴趣。从而为培养学生抽象、概括数学知识的能力,为促进学习正迁移做充分的准备。

(3) 减少思维定势的负面效应,发挥思维定势的积极影响

值得注意的是:思维定势一旦形成,一方面会大大提高解决同类问题的速度和

能力，产生积极影响；另一方面也会因固定方法的限制，而妨碍对新知识的具体分析，甚至产生错误结论和消极影响，为此，依据文科学生的知识背景、认知结构和思维定势，要营造良好的思维环境。可以在以下三个方面进行教学改革：其一是充分利用定势的积极影响，在较长时间内有的放矢并循序渐进地在高等数学的教学内容中安排一些既具有一定变化性、又具有一定稳定性的问题，来促使学生掌握某种知识、技能，逐步形成良好的认知结构；其二是把知识的学习与其使用的条件结合起来，加强对根据具体条件灵活应用知识的训练，使学生不因结构的定型化而产生负面的思维定势；其三，积极引导学生自主分析并掌握知识的纵向联系和横向联系，培养学生自我分析问题的能力和良好的解题习惯。此外，由于单一方向的联想，容易使思路狭窄而不灵活，但逆向思维则容易拓宽思路，所以，要着力培养文科学生逆向思维的习惯，以有力促进学习的正迁移。

三、高数学习与非智力因素

人的心理活动可分为认知活动与意象活动两大类，把参与认知活动的因素，包括观察、注意、记忆、思维、想象等称为智力因素，而把参与意向活动的因素，包括动机、兴趣、情绪、态度、意志等称为非智力因素。文科学生与理工科学生相比，非智力因素与学习高数的效果之间的相关系数要大得多，甚至是决定文科学生学好高数的关键因素。

1. 学习动机与高数学习

一般来说，学习动机产生于学习的需要和愿望，就学习者的需要来看，可将它分为两类：一类来源于内部，即产生内部动机，它主要来自于对知识本身的向往与追求，如果成功就感到无比的乐趣，并进而产生更为强烈的求知欲望与需要，是一种良性循环，是持久性的；另一类是来源于外部，即外部动机，它来自于社会、家庭、学校教育以及将来谋生的需求。无疑，动机是学习高数的先决条件，这个先决条件既包含内部动机，也包含外部动机，但在某种意义上说，要想学好高数，内部动机显得更为重要，理由是：高数是一门难度大、内容多、体系复杂、学习时间长的课程，学习者需要不断地作出积极努力，不断地克服各种困难，把新知识不断地融合到自己的认知结构中去，这种长期的有意义的学习，对于毫无知识追求的学习者来说，是不可能坚持长久的，对于那些毫无兴趣的学习者来说，更难上加难，事实上，一直有许多高校出现的文科高等数学高挂科率的现象就充分地说明了这一点。因此，为提高高等数学的教学质量，必须首先设法激发学生的求知需要，要让学生知道高数难，但并不可怕，要让学生通过学习逐步地认识到它的作用、意义以及学习成功的喜悦,从而逐步对高数学习产生浓厚的兴趣,端正学生学习高数的动机,当然,要解决这个问题,更需要社会、学校、教师与学生共同努力。

2. 态度与高数学习

一般来说,态度是对事物的信念、情感以及行为倾向的总称,高数学习态度就是学生对高数学习产生的积极或消极的心理倾向,它反映的是学生对高数学习的一种价值观、高数学习过程的情感和学习行为倾向等。它可以通过学生在平时学习高数课程中的言语和学习劲头表现出来。当然,它也可以分为积极的学习态度和消极的学习态度。积极的学习态度表现为对数学有极大的热情,上课时认真听讲和独立思考,下课时认真复习和预习,有不懂的问题力求及时弄清楚,不怕困难,勇往向前。而消极的学习态度则表现为对高数不感兴趣,上课时心不在焉,下课时也不复习,对不懂的问题听之任之。

我们认为,文科学生对高数的学习态度,除了学生个体自身条件(包括学生个体的数学基础、学生个体的数学智商等)以外,主要还来自于外部环境对学生学习数学的影响,这个影响是长期的、潜移默化的、不知不觉的,这个外部环境包括社会对文科学生学习高等数学的价值的评议、家庭压力和学校教育环境等,特别是来自教师的影响。不管是小学数学教师、中学数学教师,还说大学数学教师,他们对学生学习数学的态度都有至关重要的影响。在中小学,帮助学生夯实基础,形成良好的数学学习习惯和数学学习方法是非常重要的;而在大学,帮助学生树立必胜的信心和合理的教学方法尤为重要。事实告诉我们,文科学生学习高等数学最重要的心理因素就是学生的学习态度,基础再好,学习态度不好,最后还是必定失败,基础即使不好,但有好的学习态度,并通过克服种种困难,最后一定会取得好的成绩。

3. 意志与高数学习

意志是意识的能动作用,是自觉地确定目的,依据目的自觉地调节和组织自己的行为,它是与克服困难相联系的一种心理过程。对于文科学生学习高数而言,良好的意志品质主要表现在自觉性和坚韧性。自觉性是对指学习数学的目的和意义具有深刻的认识,从而能自觉地去刻苦学习的优良品质;而坚韧性是指在学习的过程中,不畏困难,并不断地克服困难,最终取得胜利所表现出来的品质。为此,在不同的教学阶段,面对学生碰到的种种困难,教师都要有充分的准备,都要有相应的应对措施,要指导学生如何战胜困难,帮助他们树立坚强的意志。所以,教师不仅要教书,还有育人,而且这是一个不可或缺的重要组成部分。

可以预测:随着高教改革的不断深化,重点探索文科学生对高数"学"的过程、"学"的规律;探索提高文科学生学习高数兴趣、提高学生学习能力是今后一段时间我国大学教育教学改革研究的热点课题之一。

高等数学分层次教学模式的探索与实践

——以宜宾学院为例

肖　赟　罗显康　王雄瑞

（宜宾学院数学学院）

摘　要:在我国高等教育大众化进展过程当中,高校扩招给各高校高等数学的教学带来了新的挑战。本文结合宜宾学院人才培养模式改革创新,结合本校高等数学分层次教学的实践,总结了在教学改革中摸索出来的经验和取得的成果,针对不足之处提出相应对策。

关键词:高等数学　分层次教学　人才培养模式　宜宾学院

Abstract:In the process of the popularization of China's higher education, college enrollment has brought new challenges to the teaching of higher mathematics. This article summarizes the way in teaching reform experience and achievements, and put forward corresponding countermeasures.

Keywords:higher mathematics; teaching at different levels; the talent training mode; YiBin University

在我们步入 21 世纪的时候,科学、技术和社会都发生了巨大的变化。作为理工科高等院校基础核心课程之一的高等数学在各个领域及学科中发挥着越来越大的作用。数学不但深入到物理、化学、生物等传统领域,而且深入到经济、金融、信息、社会等新兴领域当中。但对于大多数人而言,他们并不希望成为一个数学专业人员,只是希望将数学作为研究的有效工具。如何使非数学专业的人员能够很好地掌握高等数学知识是现阶段摆在我们数学教育工作者面前的一项重要课题。

一、分层次教学的原因

我国高校经过连续的扩招以后,在校生已超过 2 400 万,高等教育早已不再是传统的"精英型"教育,而是转变为"大众化"教育。"大众化"教育的一个显著特点就是各高校都在进行大规模扩招,随之而来的问题就是学生人数的迅速增加,但与此同时学生整体水平却在不断下降。由于新生入学率逐年提高,入学成绩逐年降低,带来的问题就是学生素质参差不齐的情况日益严重。在这种情况下,再按传统的教学体系和教学方法进行教学所产生的问题和矛盾将更加突出。此时,传统的"精英型"教育思想和方法过分强调"千人一面,千篇一律",这种"一刀切"的教学模式必然导致课堂教学深度难以掌握,教学进度难以把握,部分学生"吃不饱"而部分学生"消化不了","好生受压抑,差生受打击",严重影响学生学习积极性和教学质量。根据新生入学成绩、学生基础差别较大的情况,实施分层次教学,确保教学质量,是摆在高等教学改革面前的一大课题。

其实,早在两千多年前,孔子就提出"因材施教"、"教学无类"的分层次教学原则。但现在提出这个问题,对于目前高校扩招、高等教育学改革背景下的高等教学来说,却有着新的重要意义。这不仅是各级教育部门、学校管理部门和教师共同思考的重要问题,也是学生和家长以及社会所关注的热点问题。因此,针对我校具体情况,宜宾学院高等数学的教学不能用统一的尺度去规范,这是在进行我校高等数学教学改革探讨中提出的一个基本出发点。

二、分层次教学的理论依据

分层次教学在中国有着源远流长的哲学理论和实践基础。作为世界上最早系统论述教育的专著《学记》就已包含丰富的分层次教学思想:"不凌节而施",指的是不超越受教育者的年龄和才能特点来进行教育;"教人不尽其材,其施之也悖,其求之也拂",指教人若不能针对不同个体,因材施教,则不能使学生的才能得到充分发展。分层次教学符合因材施教的教学原则,这一原则由我国春秋时期著名教育家、思想家孔子提出,"深其深,浅其浅,益其益,尊其尊",宋代的朱熹将这一经验概括为"孔子施教,各因其材"。意思就是说教师要从学生的实际情况、个别差异出发,有的放矢地组织教学,使每个学生都能扬长避短,获得最佳的发展。素质教育理论提出要为学生提供全面性、均等性的教育机遇。为了全体学生的全面发展,学校必须视学生个体差异实施分类别、分层次教学。苏联教育家、心理学家赞可夫利用苏联心理学家维果茨基的"最近发展区理论"提出:教学要利用学生已有发展水平与教学要求之间的矛盾来促进学生的发展。而"分层次教学"就是把教学建立在学生学习的"最近发展区"内,促使各层次的学生在其"最近发展区"内得到充分的发展。另一位苏联教育学家巴班斯基提出的"教学过程的最优化理论"指出:在研究学生特点的基础上,使教学任务具体化,根据学习情况的需要,选择合理的教学形式和方法。美国心理学家布鲁纳于 20 世纪 70 年代提出了"掌握学习理论"。他认为："如果提供适当的学习条件，大多数学生在学习能力、学习速度、进一步学习动机等方面就会变得十分相似"。分层次教学就是要最大限度地为不同层次的学生提供这种"学习条件"。布鲁纳在教学方法上主张"发现学习"，他强调："教学既要探求向优秀学生挑战的计划，同时也不要破坏那些不很幸运的学生的信心和学习意志"。

根据这些理论发展起来的分层次教学思想很好地将传统教学理论与现代教学理论结合起来，为宜宾学院高等数学分层次教学改革提供了新的思路以及理论支撑。

三、宜宾学院高等数学分层次教学的内容与实践

为贯彻落实教育部《关于全面提高高等教育质量的若干意见（高教 30 条）》精神，全面推进宜宾学院人才培养模式改革创新，构建多元化的本科人才培养模式，进一步提高本科人才培养质量，结合宜宾学院实际，制定本科人才培养模式综合改革实施方案。下面我们着重探讨如何有效的实现高等数学教学中的分层次教学。

我校进入新的历史发展时期以来，着力践行"为学生成功奠定基础"的办学理念，积极创建具有我校特色的高素质复合型应用人才培养模式。对于任何一项改革，经验和知识都是在前期的摸索与实践中积累的。我校高等数学课程从 2001 年学校由宜宾高等师范专科学校改制为宜宾学院开始，在学校教务处等相关部门的指导下，在数学学院高等数学教研室全体教师的积极配合下，对高等数学课程进行分层次教学。主要根据学生入学成绩高低、专业方向需求等因素，在理工科本科班中率先实行高等数学分层次教学，主要按以下原则分为 A、B、C 三个层次。

（1）A 层：主要针对有较好数学基础，并有志于从事科学研究和技术开发的同学。除了完成基本必备的高等数学教学内容以外，还进一步拓宽、加深某些教学内容，使学生能深入地掌握一些数学方法和数学思维，"知其然，且知其所以然"。并教授学生基本的数学思想和数学建模的基本方法与技巧。

（2）B 层：主要针对绝大部分数学基础一般，将高等数学作为一门后继课学习工具的同学。本层次学生占学生总人数的主体，采用较为统一的教学安排，为将来的进一步发展打下扎实的数学基础。

（3）C 层：主要针对部分数学基础薄弱且后继课程与数学联系不紧密的同学。为提高教学质量，我们配备具有丰富教学经验的教师，以掌握高等数学必备的基础知识为指针，适当降低难度，削弱部分理论知识与复杂解题技巧，加强典型习题的练习，确保数学核心知识的掌握，重视培养学生的学习兴趣与方法。

经过近十年的教学改革,我们认真总结、凝练和吸纳近年来分层次教学办班的经验,不断对新的培养模式进行改革与创新。我们发现之前的分层次教学虽然取得了一定的成绩,但随着时代的进步,随着社会对不同层次人才的需求向多元化转变,以往的人才培养模式已不能应付现在的需要。为了进一步完善和发展人才培养模式,从 2012 年开始,高等数学分层次教学进一步以如下原则开展工作:

1. 硕勋创新人才培养模式

创建硕勋创新班,针对入学高考成绩相对较低、应试教育潜能相对有限但在某一领域有一定潜质并渴求个性化创新发展的学生设计的,其高等数学课程开设情况如下:

(1)采用单、双期周 6 的课时进行教学,确保充足的教学时间。

(2)一年级统一开设高等数学课程作为通识核心课程,在一年级通过相应考核后,从二年级开始在全校的理科专业中自主选择专业并在对应教学单位同意接受后进行后继课程学习。

(3)这个层次的学生高考数学成绩相对较低,高等数学教研室专门制定相应的教学内容、教学进度。

(4)指派具有丰富教学经验的骨干教师授课,适当降低理论要求,削弱对部分复杂解题技巧的要求。

(5)注重考核方式的灵活多样,考核注重过程评价,注重过程考核,课程传统期末考试占课程总成绩比例可大幅度降低;课程考核方式可以是闭卷考试、也可以是开卷考试、还可以是提供课程论文、课程作品、课程调研报告等多种形式。

硕勋创新班在高等数学的教学上力求让学生掌握高等数学的基础本知识,并且以培养学生的学习兴趣、养成良好的学习习惯、学习方法为最终目的,为其从二年级开始的自主选择专业打下扎实的数学基础。

2. 硕勋励志人才培养模式

创建硕勋励志班,针对入学高考成绩相对较高且应试能力较强、专业相关成绩优秀且志存高远的学生设计的,其高等数学课程开设情况如下:

(1)采用单、双期周 6 的课时进行教学,确保充足的教学时间。

(2)一年级开设高等数学课程作为基础核心课程,从二年级开始根据各专业具体要求开设相应的后继课程,并加强数学竞赛、数学建模思想和方法的培养。

(3)这个层次的学生高考数学成绩较好,高等数学教研室制定了相应的教学要求,除了完成基本的教学任务以外,进一步加深学习内容,在理论知识,解题技巧等方面拓宽学生的知识面。

（4）指派具有丰富教学经验的骨干教师授课，加强理论要求，加强复杂解题技巧的要求。

（5）在考核方式上，除了常规的考核方式外，还注重考核学生的自主学习能力和论文撰写能力。

硕勋励志班在高等数学的教学上除了使学生除了掌握基本的数学知识以外，还要求掌握一定的数学思想，掌握较高难度的解题技巧，掌握一定的数学原理，为以后报考研究生或者参加数学竞赛、数学建模打下坚实的基础。

3. 硕勋卓越人才培养模式

除去硕勋创新班和硕勋励志班以外，我们将剩下的理工科普本学生编为硕勋卓越班。而在这个层次的学生当中，我们又根据学生的基础、专业、兴趣以及对高等数学知识的需求程度等具体情况，按照以往的分层次教学经验，分为 A、B、C 三个层次进行教学：

（1）A 层：主要针对物电学院、计科学院等对高等数学有较高要求且学生具有较高数学基础的专业。采用单期周 6、双期周 4 的课时安排。除了掌握基本知识、基本理论以外，还注重一些复杂解题技巧的练习。进一步拓宽学生的数学思维，教授学生简单的数学建模方法与技巧。

（2）B 层：主要针对绝大部分数学基础一般，将高等数学作为一门后继课学习的简单工具的专业。采用单、双期周 4 的课时安排。主要要求掌握高等数学的基本知识、基本理论，为将来的进一步发展打下扎实的数学基础。

（3）C 层：主要针对部分数学基础薄弱，文理兼收的特色专业。采用单、双期周 4 的课时安排。以掌握高等数学必备的基础知识为主，适当降低难度，削弱部分理论知识与复杂解题技巧，加强典型习题的练习，确保数学核心知识的掌握，重视培养学生的学习方法。

在分层次教学的探索中，我们发现以往的分层次教学的一些缺点，比如固定的分层次法也会给部分积极要求上进的学生带来负面影响；或者部分同学通过自己的努力，确实让自己的数学能力有了一定的提高，并且在数学上对自己提出了更高的要求。对于这部分同学，我们在分层次教学时也采用柔性修读的方式和实行淘汰制。柔性修读，即学生可以采用灵活多样的形式听课以及取得学分。课程修读方式不再是传统的听课、考试合格取得学分的方式，可以通过认定的方式取得学分，也可以通过课程替换等形式取得学分。比如低层次的学生可以选择高层次的课，考核通过以后，也可以参加数学竞赛、数学建模培训等。而实行淘汰制，则是为保证人才培养质量和教学效果，考核后，对不适宜进入下一阶段学习的学生分流到其他层次。同时，从其他层次中选拔优秀学生适时补充到硕勋励志班中学习。这样,给学生一个公平竞争的机会,增强竞争意识和危机感,将学习中的压力变为动力,激发学习热情,提升学习效果。

四、宜宾学院高等数学分层次教学的效果分析

通过几年的教学实践,我校在高等数学中实行分层次教学已取得一定的效果。

（1）教师因材施教,在教学内容、教学方法等方面进行了大胆的改革,取得了一定的成绩,比如在教材建设方面,我校高等数学教研室部分骨干教师在长期教学实践改革的基础上,于2007与中国人民大学教材出版中心合作编写出版了适应我校人才培养目标要求的大学数学立体化教材——《高等数学》（理工类）上、下册,该教材被列入国家级"十一五"规划教材,经过我校以及众兄弟院校学生使用,反映良好。

（2）实行分层次教学还消除了以往同一教学班级内学生两极分化严重的现象,调动了学生的学习积极性、主动性,提高了学生的学习兴趣,降低了补考率,为学生后继课程的学习打下坚实基础。

（3）分层次教学也对我校高等数学教研室的教师发展起到了促进作用。通过在教学改革中不断的探求摸索,教师的教学能力、科研能力得到进一步提升,专业素质得到进一步加强,许多青年教师通过不断的锻炼,已逐步成长为我校的骨干教师。

（4）我校高等数学的教学渐渐变成能力、素质教育,学生的学习潜力得到充分发挥,学习的主动性、积极性都有了很大提高。近年来,由于掌握了扎实的数学知识和具备很好的数学素质,我校学生近年来在参加数学建模、数学竞赛中都获得比较好的成绩。作为新建本科院校,所取得的成绩在省内同类型高校中名列前茅。

① 数学建模方面取得成绩见表1:

表1   我校学生参加全国大学生数学建模成绩统计

年 ＼ 获奖等级	全国二等	全国三等	省一等	省二等	省三等	合 计
2009 年	1	0	0	6	1	8
2010 年	1	0	1	5	4	11
2011 年	0	3	2	1	2	8
2012 年	2	0	3	0	3	8
2013 年	1	3	1	1	1	7

② 大学数学竞赛方面,作为新建本科院校,我校参与较晚,直到 2010 年才首次参加。但第一次参加,就获得四川省一等奖,并且获得全省第四名的好成绩(表2)。

表 2　　　　　　　我校学生参加四川省大学生数学竞赛成绩统计

获奖等级 年	省一等	省二等	省三等	合计
2010 年	1	0	3	4
2011 年	0	0	3	3
2012 年	0	1	2	3
2013 年	0	1	2	3

五、分层教学中有待进一步研究和实践的问题

（1）随着高校的进一步扩招,高等教育的进一步大众化,大家都有一个共识:高等教育量的发展不能以牺牲教学质量为代价。但教学质量的滑坡已成为目前大多数高校所面临的一个普遍现象。虽然现在的考研热使得一部分学生有学好高等数学的积极性,但这并不足以掩盖大多数学生学习成绩下滑的现象。这一问题有进一步调查研究并采取相应对策的必要。

（2）高等数学教师队伍严重不足,很多事情心有余而力不足,直接影响到课堂教学质量的稳步提高,我们打算在年轻教师的听课、评课上开展一些有效的促进活动,提高年轻教师的成长速度,使之尽早起到骨干的作用。

（3）高等数学的教学也受到了考研的影响,其中既有正面的影响,也有负面的影响。作为一个负责任的数学教师,应该给学生全面的影响,而不是纠结在素质教育还是应试教育上。分层次教学虽然针对不同需求的学生授课,但学好高等数学到底有什么用,这是一个值得全体教师以及学生都积极思考的问题。

（4）虽然我们已经制定了本科生可以柔性修读,可以根据自身条件选修高一层次高等数学课程的规定,但在这一规定的实施中还存在不少具体困难,这将是我们下一步研究与探索的问题。

（5）分层次教学打破传统以专业为班级的授课形式,无疑给学生管理工作带来很多麻烦。如学校排课、教师的选配与评价、各层次学生成绩评定及横向比较、学生奖学金评定及评优评奖等,这些问题有待于我们进一步研究与探索。

六、结语

事物的发展是曲折漫长的,高等数学分层次教学作为教改的一项重要内容,任重而道远。分层次教学承认学生学习能力的差异,尊重学生的个性发展,实现学生不同层次的学习,实践人性化教育理念,为大面积提高教学质量拓宽了一条新路子。然而要充分发挥其威力,还需要我们在教学实践当中不断探索和总结,不断发现问题、解决问题,使之更加完善。

参 考 文 献

[1] 巴班斯基. 教学教育过程最优化——方法论原理[M]. 北京:人民教育出版社,1986.

[2] 杨孝平,等. 本科高等数学分层次教学的深入思考与实践[J]. 大学数学,2003(6):27-31.

[3] 杨孝平,等. 深化分层次教学,提高大学数学教育质量[J]. 大学数学,2006(3):14-16.

[4] 叶序江. 对布鲁纳结构主义课程论的再认识[J]. 教育探索,2002(3):58-59.

[5] 汪明义. 追寻大学之道,实现教育梦想[M]. 光明日报出版社,2012.

[6] 白玉林,等. 宜宾学院人才培养系统工程的理论与实践[J]. 宜宾学院学报,2008(11):110-112.

[7] 曹宗宏,等. 关于高等数学课程分层次教学的实践与思考[J]. 大学数学,2011(6):1-4.

附　录

作者:肖赟,宜宾学院数学学院

电话:13890960010

邮箱:ybs_xy@sohu.com

新建本科院校数学专业"常微分方程"课程教学内容重构

——以宜宾学院数学专业课程体系研究为例

罗显康

（宜宾学院数学学院）

摘　要：围绕"为学生成功奠定基础"的办学理念和"一二三四"人才培养体系以及专业核心课程制度,重构了数学专业常微分方程课程的框架和知识体系,突出了课程的结构特色和人才培养特色。

关键词：常微分方程　专业核心课程　人才培养　教学内容

Abstract：The framework and knowledge system of ordinary differential equation course for the major of mathematics were reconstructed based on the mission of "laying the foundation foe students' success, the talent training system of "one, two, three, four" and the system of professional core course. The curriculum's distinguishing feature and the talent cultivation's characteristic were highlighted after this work.

Keywords：ordinary differential equation, professional core course, algebra curriculum, teaching content

随着我国高等教育大众化的发展,高等教育的质量问题显得尤为突出,为探索在高等教育大众化背景下更适合我国国情的本科教育培养模式,在诸多高校多年素质教育试点、通才教育实验和公选课实验的基础上,中国高校的通识教育[1]悄然兴起。教育界和理论界指出通识教育是我国教育改革的大方向,高等院校如何把通识教育与专业教育有机结合起来不仅是一个重要的理论问题,更是一个重要的实践问题[2]。宜宾学院在新的历史发展时期,从学校的实际情况出发,把"为学生成功奠定基础"作为学院的办学理念之一,为了全面贯彻该办学理念,凝炼出了特色鲜明的"一二三四"人才培养体系。其中的"二"就是把握好两大关键环节:建设优质的课程体系和营造良好的成才环境[3]。为此,宜宾学院校长汪明义教授适时提出了在我校全面实施专业核心课程制度[4]，这里所指的专业核心课程就是把每个专业中那些最基本、原理性并且不会随时间推移有太大变化的知识点抽出来，整合为若干门优质课程，这些课程可以体现该专业的核心知识体系，形成具有核心意义的专业素养；其他专业课程称为专业拓展课程。专业核心课程绝不是专业课程的简单调整，更不是传统课程体系下的专业基础课，而是要对原有的课程知识体系进行重组，应在其相应专业的课程体系中占据核心的地位，对后续的专业拓展课程建设具有引领作用，对学生学完专业核心课程是否继续学习该专业的拓展课程具有启示作用，对实现该专业的人才培养目标具有主导作用。主讲教师在传授专业核心课程知识时应该包括五个层次：让学生明白在自己专业领域存在哪些知识；这些知识是如何被创造出来的；又是如何被应用的；这些知识对学生自己将来有什么作用；这些领域还有哪些未知的知识。对此，常微分方程作为数学专业的一门专业核心课程，它对该专业学生的专业素养与知识能力建构应起到什么样的核心作用？应怎样来凸显与强化这种作用？下面就常微分方程课程教学内容构建的目的、意义、框架及特色进行阐述。

一、常微分方程课程教学内容构建的意义

常微分方程是数学专业的专业核心课程之一，是进一步学习本学科的近代内容、泛函分析、偏微分方程和动力系统等课程的基础，它的分析数学思想、逻辑推理方法和处理问题的技巧，在数学学习和科学研究中发挥着重要作用。从其教学内容来看，现有各种版本的教材在内容取舍、结构安排以及观点方法上都大同小异，知识专而深、精而窄。在我国高校大量扩招、学生素质参差不齐、社会对应用性人才需求多元化的背景下，这种专业知识精深而知识视野狭窄的知识体系，严重制约了高校对人才培养目标的定位，严重制约了高校人才培养方案的创新，特别是制约了高素质复合型应用性人才培养模式的确立。

二、常微分方程课程的特色探索

以我校人才培养目标与专业核心课程制度为依据，课题组利用业余时间在网易公开课专栏完整地聆听了世界著名大学——麻省理工学院数学系 Arthur Mattuck 教授所讲授的"微分方程"公共课视频，学习借鉴国外先进常微分教材和教师授课的优点，广泛采撷国内外相关教材和文献资料，精心遴选提炼、整合、重组、构建新的课程内容框架。在课程内容和体系的设计上，以知识的产生与发展为时间主线索，将课程的所有知识点均有机地、系统地维系在这条主线上；对相关的理论

知识以"够用"为原则，着重介绍有关概念、定理的背景与本质，讲清思路与方法，尽可能地避免繁琐枯燥的理论阐述与证明，让学生体验知识的产生与发展的全过程，有助于学生对整体知识的理解与掌握，提高课程的教学质量与学生的学习效果。

（一）常微分方程课程新的知识体系的特色

1. 优化重组章节内容，注重学科知识的统一性[5]

本教材编写中，主要是对第三部分内容的编写方式进行了一定改变。目前，一般高校使用的常微分方程教材中，通常都是先讲 n 阶线性微分方程，后讲线性微分方程组（我校使用的王高雄等编的《常微分方程》也如此）。这种讲法的问题是在许多定理证明上的重复，因为 n 阶线性微分方程与线性微分方程组都是属于常微分方程的线性系统理论的内容，只要做一个简单的变换，n 阶线性微分方程就可以化为一个等价的微分方程组。在本课程新的教材体系中，采用先讲微分方程组，后讲 n 阶微分方程，把 n 阶线性微分方程作为线性微分方程组的特例来处理。这样的安排并不是简单的内容调换，至少有以下三个好处：

（1）避免了教材内容的重复性，先讲线性微分方程组，后讲 n 阶线性微分方程，使得有关 n 阶线性微分方程的许多定理就不必证明了，只不过是线性方程组有关定理的推论而已。

（2）这种编排方法，不仅加强了对常微分方程线性系统理论整体性的认识，而且还有助于学生对数学知识的统一性认识。线性系统理论是常微分方程理论中不多见的比较完整的理论，其内容与线性代数中有关线性空间的知识密切相关，我们在陈述线性微分方程组时特别注意到了这一点，把线性微分方程组的理论放到线性代数理论的框架下加以理解，使学生感到：常微分方程线性系统的基本理论是更加扩大的线性代数空间理论的一个特例而已，从而加深学生对数学理论统一性的认识。

（3）这种教材上的安排，使得 n 阶线性微分方程中有些讲不太清楚的内容，可以放到等价的线性微分方程组的内容中讲解，在线性空间的理论框架下就显得一目了然。

2. 各章内容突出知识点的集中性

在编写过程中，充分考虑到学生的实际情况，在各章内容的陈述中，突出知识点的集中性，具体作法如下：

（1）第 1 章简述常微分方程理论的起源、发展史及在其他学科如物理等方面的应用背景，让学生对本学科有一个大致的了解，激发他们的学习兴趣。

（2）第 2 章中主要是讲初等积分法，初等积分法虽然有一定局限性，但是仍然是常微分方程中一种重要解法，也是初学者必须接受的基本训练之一。

我们在讲授初等积分法时，先集中讲述了初等积分法中的五种基本解法：分离变量法、常数变易法、积分因子法、参数法和降阶法。针对不同解法的特点、适用范围进行了详细讲解。

第 2 章中另一个内容是微分方程的应用问题，我们也采用集中陈述的方法，安排在本章最后。在学生已经掌握了五种基本解法后，再集中教他们如何列方程、解方程，并把有关列方程的常用的物理、化学以及生物学中的公式列在前面，以便学生尽快掌握列方程的技巧。

（3）第 3 章中主要知识点集中在两个基本定理上，即解的存在唯一性定理和解的延展定理。为了降低学生学习这两个定理的难度，我们在表述中尽可能突出几何直观，加深学生对这两个定理含义和应用的理解。

（4）第 4、第 5 章是线性系统理论的集中陈述，主要内容是线性系统的基本理论与解法。对于线性系统的基本理论，我们采用先讲方程组后讲 n 阶方程的方法，所以，基本理论集中在第 4 章讲，而把 n 阶线性方程作为线性方程组的特例。最后，整个线性系统的基本理论又是线性代数中线性空间的一个特例。

关于线性系统的解法，我们在第 4 章中主要采用若当标准型的办法，推导出常系数线性方程组的解法，这种方法的最大好处是直观性。关于 n 阶线性方程的解法，仍然采用待定指数函数的解法，主要是便于理解。

（5）第 6 章中的近代理论简介，主要介绍定性理论和稳定性理论的基本概念。这一章中把知识点集中在定性理论的介绍中，与以往教材的不同之处是不但给出奇点、极限环的概念，还给出了一个具体方程的全局结构的例子。虽然本教材不讲授定性理论的全局分析，但是通过上述例子的陈述，至少使学生知道定性理论的最终研究目标和知识结构的整体框架。

（6）第 7 章是微分方程观下的中学数学[5]，主要介绍微分方程与初等函数、微分方程与二次曲线、微分方程与函数方程、微分方程与数列、微分方程与三角函数、微分方程与因式分解等。

（7）第 8 章是 MATLAB 在常微分方程中的应用，主要介绍 MATLAB 求解微分方程的有关函数命令，包括常微分方程的符号求解方法和数值求解方法。

（二）常微分方程课程新的教学内容的特色

1. 数学建模思想贯彻全课程

各种类型微分方程的研究都是从实际问题的数学建模开始的，然后用不同的方法进行解的表达,以达到解决问题的目标。在常微分方程课程教学实践中,从具体的引例建立方程模型,再从这些方程模型出发建立起课程的有关概念和知识体系,按提出问题—解决问题—知识应用的思路展开课程内容教学,这样尽可能地避免繁琐枯燥的理论阐述与证明,让学生体验知识的产生与发展的全过程,感知数学既来源于生活又服务于生活,同时培养学生分析和解决实际问题的能力。

2. 由简单到复杂,从具体到抽象,注重猜想与归纳

区别于国内传统教材,在讲授高阶微分方程时,首先从具体的数学模型引入二阶微分方程,以猜想-检验方法为核心,探究各种问题的解法,突出数学思想方法,最后推演到高阶微分方程,归纳出一般问题的解法。对于微分方程组,也采用同样的处理技巧。这样,一方面降低了学生学习的难度,同时也达到培养学生对数学进行探索研究的能力。

3. 注重数学直觉,突出几何直观

在传统的常微分方程课程中,主要寻找一些特殊的技巧和方法,去发现这些方程的通解或初值问题的特解,然而可以找到解析方法进行求解的微分方程是很少的,难以展示数学研究的本质。在现代微分方程研究及应用中,寻求具体微分方程的解析解已经不再是主流课题,而应用中提出的各种微分方程又往往是非线性方程,寻求这些方程的解析解绝大部分是不可能的,其有效的方法是定性方法与数值方法。为了在常微分方程课程中展示数学直觉与数学研究的本质,力求做到以下几点:

在微分方程解的表达方法中,不再仅局限于解析解,而是以定性分析为主,通过斜率场、解的图像、相平面上的向量场及轨线等工具,达到对解的渐进行为的理解;同时,以数值计算与计算机模拟为工具加深对解的行为的直觉理解。

在高阶线性常微分方程的教学中,通常涉及线性代数的可逆矩阵、过渡矩阵、向量组的线性无关等知识点,在高阶线性常微分方程理论教学中,灵活运用这些代数知识可以直观而深刻地刻画解空间的几何结构等性质,加深学生对高阶线性常微分方程无穷多解构成有限维函数空间这一理论的认识,起到既学透常微分方程理论又复习巩固线性代数基础理论的学习效果,同时也为常微分方程的解题提供了另一条思路[6]。

4. 充分体现"高初结合"

常微分方程作为大学数学教育方向的一门主要课程,它和中学的代数方程同属"方程"范畴,必然存在一定联系。因此,在常微分方程教学研究与实践中,采用

高初结合方法,加强常微分方程的思想方法研究和寻找它与中学数学的关联,并初步形成高观点下的初等数学,是数学教育方向常微分方程教学研究的重要课题。这样做,既可引起学生的兴趣,激发他们的学习自觉性,又可更好地掌握常微分方程本身的内容,培养学生"居高临下"的能力[7]。

5. 注意知识更新,融入现代观点

目前的常微分方程教材,一般都是 20 世纪 80 年代初期形成的,已无法反映现代理论新成果,这极大地阻碍了数学技术作用的发挥和数学素质的提高。因此,在教学内容中增加该学科所取得的新成果、新方法的介绍,让学生了解学科发展的现状。

(三) 常微分方程课程突出人才培养的特色

实践证明,只有将专业教育与通识教育有机结合,才有利于培养高素质复合型应用性人才。作为一所综合性的地方本科院校,宜宾学院凝练出的"一二三四"人才培养体系实际上就是融合了专业教育和通识教育的教育理念,其中的"三"就是培养学生三个方面的素质:高度的责任心、持续的进取心、强烈的好奇心;"四"就是发展学生四大基本能力:表达能力、动手能力、创新能力、和谐能力。常微分方程课程教学内容的重构突显了培养学生的"三心四能"。注重数学概念的引入从实际问题入手,加强基础知识产生的背景介绍,同时引导学生利用所学知识解决一些实际问题,以培养学生数学应用意识和动手能力,增强学好常微分方程的信心;在阐述知识来历的时候,适时介绍著名数学家的成就与贡献,更多地展示创立这些知识的数学家的伟大人格及其成长奋斗历程,一方面,可以丰富教学内容,激发学生深入学习的兴趣,另一方面,也将通识教育的理念引入了专业教育之中,把成人成才教育熔于专业知识的学习之中,改变目前高校普遍存在的"思想政治教育"空洞形式化的弊端,改变教师不重视成人成才教育的现状;有针对性地增加本学科所取得的新成果、新方法的介绍,让学生了解学科发展的前沿,了解自己的专业领域还有哪些未知的知识,激发学生强烈的好奇心和持续的进取心。

参 考 文 献

[1] 黄坤锦.美国大学的通识教育[M].北京:北京大学出版社,2006.

[2] 潘颖.论通识教育与专业教育的关系[N].中国教育报,2006-12-14(5).

[3] 汪明义.新建本科院校内涵发展探索——以宜宾学院为例[J].国家教育行政学院学报,2010(4):3-9.

［4］汪明义.实施专业核心课程制度,培养高素质复合型应用人才［J］.中国高等教育,2012(10):21-22.

［5］黄焕福,张振强,黄振功.浅谈常微分方程课程的改革与实践［J］.内蒙古电大学刊,2007(2):84-84.

［6］饶若峰.常微分方程教学中的几何直观法［J］.宜宾学院学报,网络出版地址:http://www.cnki.net/kcms/detail/51.1630.Z.20121130.1117.007.html.

［7］都长清.在常微分方程课程的教学中如何体现"高初结合"［J］.数学教育学报,1994(1):75-78.

［8］丁同仁,李承治.常微分方程教程［M］.北京:高等教育出版社,1991.

［9］王高雄,周之铭,朱思铭,等.常微分方程［M］.3版.北京:高等教育出版社,2003.

附　录

作者:罗显康,宜宾学院数学学院

电话:15082609069

邮箱:luoxiankang2005@126.com

高等师范院校教育实习工作的现状及对策分析

刘兴燕

（宜宾学院数学学院）

摘　要：教育实习是高等师范院校非常重要的教学环节,但是目前高等师范院校教育实习工作存在不同程度的难题,基于笔者多年在中学数学教学研究室,长期从事中学数学教学研究及教育实习带队工作,对高师院校教育实习的现状有一定了解,由此提出一些相应的对策。

关键词：高等师范院校　教育实习　教育见习　现状　对策

Abstract：Education practice is an important link teaching In Higher Normal Colleges. But，there exists different degrees of difficulty in reality. Based on years of work in the laboratory of hight school mathematics，the author has long been engaged in the research of high school mathematics teaching，and in charge of leading the Education practice team，so the author has a better understanding with the current situation of education practice in Normal Universities. some corresponding countermeasures are put forward in the article.

Keywords：Higher Normal Colleges，Education practice，situation，countermeasures

教育实习是高等师范院校非常重要的教学环节,其学分相当于 3～4 门专业课程的学分,比重较大。但是,目前高等师范院校教育实习工作存在不同程度的难题,基于笔者多年在中学数学教学研究室,长期从事中学数学教学研究及教育实习带队工作,对高师院校教育实习的现状有一定了解,由此做出分析并提出一些可行性建议。

一、高等师范院校教育实习工作现状

1. 积极加强实习基地建设,却忽视了学生对教育实习的目的性和重要性的认识

高校的扩招导致师范院校要实习的学生数量增大,实习点的需求也就增大了。

所以,高校负责教育实习的老师积极地想尽办法建立实习基地,不仅在数量上积极增加,在质量上也不断提高。

但与此同时,我们也看到一部分学生对教育实习的目的和重要性认识不够,认为实习就是去玩,或者认为只是学校安排的一个"走过场"而已,以为教育实习的作用不大,不认真对待,不仅准备不充分,做的过程也不投入,使实习效果很差,主要出现以下几种情况:

(1)以要准备考研为由,不参加教育实习。以为考研才是正道,而教育实习是浪费时间,没有意义。

(2)为减轻实习基地的压力,也为了方便学生,学校采取集中和分散实习两种形式。有些分散实习的学生就靠一些社会关系,随便找个学校在实习鉴定表上盖个章来敷衍学校,事实上,学生根本就没有参加教育实习。

(3)实习学校指导教师监管不力。有些指导教师认为实习生的实习好坏与自己没有关系,反正两个月时间到了,学生就走了,与己无关,没必要去当恶人,严格不严格没关系。于是,学生在实习期间经常有事无事就请假,更有些学生没到实习结束,早早就结束实习工作。而实习成绩评定时,指导教师就充当了好好先生,全是 99 分、100 分。

2. 注重现代教育技术的应用,看轻了传统师范技能的培训

20 世纪以来,计算机技术迅猛发展。现代教育技术,即以计算机为核心的信息技术在教育教学中的理论与技术,已成为现代教育的重要标志。现代社会条件下成长起来的新一代,从小就习惯于从各种传播媒体中认识事物、增长见识,学会了欣赏直观、形象、生动的视听讲授,从而对教师的教学手段、教学方法和教学技术提出了更高的要求。为了适应现代教育技术的发展,遵照教育部和省教委的有关指示精神,师范院校都非常注重学生这方面技能的训练,各种课件制作大赛成为师范学生不变的比赛项目之一,所以,对新一代师范生来说,使用多媒体并不是难事,还可以说是他们的强项。但与此同时,也正因为计算机的广泛应用,而使现代人的书写能力大大降低,不仅很多字不会写了,而且写出的字也很难看。

"试讲"就是对学生教学能力训练和提高的重要战场,可现在很多时候,教师和学生都忽视了其重要性,以为是走过场。部分教师就随便听听,选出可以参加优质课比赛的学生即可。学生呢? 只要今天没轮到自己试讲,就找各种理由请假缺席,即使轮到自己,也是敷衍了事,教案不写或随便写点儿就上讲台的不在少数。

3. 重视教育实习,对待教育见习较为形式主义

教育见习是师范生感触基础教育、体验课堂教学并提高师范技能的最佳途径。

但如果时间实在太短,把它当成是例行公事,敷衍了事,就达不到目的。如有的高校安排教育见习本来是一周,而事实上真正见习的只有三天到三天半,一周五天,第一天带队老师将学生带到见习学校,见习学校开个见习工作会,再组织与指导老师见面,上午就结束了,下午很多指导老师的课在上午就上完了,下午就只有休息了,后面有三天可以安心听听课,到周五,有的学校组织月考等活动就没课了,如此三天的见习有作用吗?

4. 重视实习前与实习单位的交流,忽视了实习单位对高校人才培养的建议及实习学生对高校教育教学的建议

实习学生就是高等师范院校生产的产品,产品质量的好坏要看使用者的评价,即学生培养的质量需要实习学校来鉴定。有的高等院校派出实习生到实习单位实习之前会开一个形式上的交流会,但实习生送去后,就没有后续联系了,实习结束也就结束了。这就将产品生产与使用分离,也即没有听取实习学校对高校人才培养的建议,觉得人才培养就是高校自己的事,与此同时,也忽视了实习学生对高校教育教学的建议。

二、针对以上高等师范院校教育实习的现状,提出几点相应的对策

1. 提高学生对教育实习的目的性和重要性的认识,加强管理

教育实习是高等师范院校非常重要的教学环节,有的师范学校教育实习是作为一门课程来修读的,其学分为 16 分,相当于 3～4 门专业课程的学分,其重要性可见一斑。只有提高学生对教育实习的目的性和重要性的认识,才能提高教育实习的质量。

对于考研的学生,其实教育实习也是非常重要的,因为如果考研失败要去就业时,会由于没有实习经验很难快速胜任教师工作;而考上研究生的学生,在研究生学习过程中经常都需要上讲台讲解个人自学情况,导师是在台下听讲后再做补充深入,此时,没有实习经验是很难适应这种学习方式的,而且目前来看,研究生毕业也有很多是进入教学一线的。

对于将来不想从事教学工作的学生来说,教育实习所锻炼的个人能力在其他工作中也是有其不可忽视作用的,表达能力、组织能力、协调能力等的培养和提高会让你在以后的工作中如鱼得水。

当然,严格的管理自然就保证了教育实习的质量。高等师范院校应加强教育

实习管理,对于教育实习不合格者,应取消教师资格证的申领,要求其重新参加第二年的实习,合格后方能补发教师资格证书。

2. 重视传统师范技能的培训,提高试讲质量

传统师范技能是教师的教学基本技能,其中语言表达能力、三笔字、简笔画、教具制作、钻研和组织教材的能力等又是不容忽视的重要能力,是教师个人业务素质的具体体现,是保障教学效率的基础。

（1）良好的语言表达能力。语言是表达和交流思想的工具,教师语言表达能力如何,直接影响教育教学工作的效果。在教育教学中,教师的语言要发音准确,使用普通话教学;要简练明确,内容具体,生动活泼;要合乎逻辑,语法正确,流畅通达;要富于感情,有感染力。

（2）要在写字方面做个榜样。能正确运用粉笔、钢笔、毛笔,按照汉字的笔画、笔顺和间架结构,书写规范的正楷字,并具有一定的速度。

（3）钻研和组织教材的能力。教师要上好课,必须事先要备好课。所谓备好课,首先,要深入钻研教材,把教材的知识弄懂,并融会贯通,使之转化为自己的知识;其次,要研究教学大纲、教材内容和学生,明确教学目的、重点及要求,使之转化为教师教学的指导思想;再次,要进一步研究教学目的要求、教学内容和学生实际之间的内在联系,找到使教学内容适应学生接受能力、促进学生智力发展、实现教育目的的途径,要实现上述三个方面的转化,教师就必须有一定的钻研和组织教材的能力。这种能力越强,备课的效果就越好,就越利于提高课堂教学质量。

（4）要会画简笔画。能按本学科教学要求,突出教学重点,用简练的线条较快地勾画出事物的主要特征,设计、绘制简笔画。

（5）使用教具、学具方面。能按学科教学要求,正确使用教具,指导学生使用学具;并能就地取材,制作简易的教具、学具。

（6）了解和研究学生的能力。深入了解、研究学生,这是教师进行教育教学工作的出发点,也是教师的一项基本功。教师要善于根据学生的外部表现了解他们的个性和心理状态,如思想状况、道德水平、知识基础、智力水平以及兴趣、爱好、性格等。只有了解学生的实际,才能做到有的放矢,长善救失,因材施教。

（7）完成和组织教育教学活动的能力。完成教育教学活动方面,能按各学科课程标准和教材的要求,组织学科教学活动,完成教学任务。为了保证教育教学工作顺利而又生动活泼地进行,教师应具备较强的组织能力。例如,开展教育活动,教师必须善于制定计划、动员发动、培养和使用骨干、组织指挥、总结评比等;组织教学活动,教师必须善于启发诱导,能激发学生兴趣,集中学生注意力,善于机智地处理偶发事件等。教师组织教育教学活动的能力,包含一定的创造性,既需要知识

经验,又需要满腔热情,更需要在实践中坚持不懈地研究、总结、磨炼。

(8)进行教育科学研究的能力。教师在工作中,要善于及时总结自己的经验,并使之不断升华,达到理论的高度;要能够自觉地运用、验证教育理论,从大量的现象中研究探索出规律性的东西。教师只有具备一定的教育科学研究的能力,才能以先进理论为指导,不断改进工作,才能充分发挥自己的才干,有所突破,有所创新。

利用好"试讲"这个重要战场,训练和提高学生以上教学技能。经过指导教师指导后,必须通过学科教学评议小组的老师验收,合格者方能参加教育实习,确保进入实习学校的学生已经具备基本的教师技能。

3. 保证教育见习时间,提高见习效率

如果忽视教育见习,只是走走形式,那么就丧失了教育见习的重要作用,也会导致非常不良的后果:

首先,实习学校不愿接受实习学生来实习。因为学生进入实习学校难以适应,到了实习学校后表现出师范技能或专业知识不足,于是,实习学校也怕这样的实习生影响了教学质量,就不愿给予实习学生上课锻炼的机会,也会影响以后接收实习学生,完成实习工作。

其次,降低了毕业生的质量。当实习学生在实习期间才发现问题,体会到自己专业知识或师范技能不足并准备弥补的时候,时间已经不允许了,实习已接近尾声。返校后,专业课程基本结束,又面临就业的压力,难有质的飞跃,但又因为没有扎实的基本功,很难找到合适的工作岗位,造成恶性循环。

由此可见,教育见习是不容忽视、不容放松的,而且时间也不宜太短、太晚。如果能安排在大三上期开学时,时间达到两周以上是较为合理的。一方面,现在新课改实施不久,即将毕业的这些师范生接受的是传统教学模式,需要时间去了解新课改的教学模式,另一方面,这样可以提高实习效率。此时,学生通过两年的学习,专业知识技能已经达到一定的程度,经历两周以上的教育见习,真正去感触基础教育、体验课堂教学,才能够较准确地认识自己,发现问题。返校后,这些见习学生还有一年时间去弥补不足,提高自己。如此,一年后再走进中学实习时就更易适应,缩短了他们成为一名合格教师的成长周期,实习学校当然也就会欢迎这样的实习生了。

4. 重视收集实习单位对高校人才培养的建议及实习学生对高校教育教学的建议

近年来,有的院校对实习工作非常重视,当学生实习工作临近结束时,都会派

负责实习工作的领导老师到实习学校作中期检查,召开实习工作交流会,会上不仅要听取实习学校领导、指导老师对实习学生在实习期间的表现作出的评价,还邀请他们提供一些高校在人才培养方面的建议。与此同时,实习学生要总结自己的实习心得体会,也可以就实习期间的感受对高校提出教育教学的建议。比如,曾有体育学院的学生就提议将网球课纳入公选课的范围,让他们有机会接触到这一运动,因为现在已有部分中学有了网球场了,中学生对教师有这方面的指导需求。

参 考 文 献

［1］陈巧兰.高等师范院校教育实习工作面临的问题及对策研究［J］.惠州学院学报,2008 (12):122-124.

［2］李文红.浅谈高等学校毕业实习工作中存在的问题及对策[J].湖北成人教育学院学报, 2007(1):19-20.

［3］汪卫琴.高校毕业实习工作的现状分析及对策建议[J].川教育学院学报,2005(9):12-14.

［4］张玉宝.创新师范生实习工作的思考[J].育学院学报,2010(9):77-78.

附　录

作者:刘兴燕,宜宾学院数学学院
电话:18990960082
邮箱:lxy525ybshu@163.com

基于强化数理基础的工程科技人才培养模式的探索与实践

蒋凤瑛　殷俊锋　李雨生　靳全勤　廖洒丽　郁　霞

（同济大学数学系）

摘　要：同济大学数学系从 2009 年开始创办基于强化数理基础的工程科技人才培养模式创新实验区，采用个性化的培养方案实行"加强数学基础、注重科学思维、促进学科交叉、培养创新能力"学科交叉型拔尖创新人才创新模式，在学生选拔、课程设计、课程教学模式、班级管理等方面进行了探索和实践。

关键词：强化数理基础　工程科技人才　学科交叉　人才培养模式

Abstract：The innovative experimentation area on the talents training mode of Engineering and technology with strengthening the foundations of mathematics was found in 2009 in the department of mathematics of Tongji University. With personal curriculum，this class present innovation mode of interdisciplinary innovative talents by strengthening the foundations of mathematics，paying attention on scientific ideas，promoting interdisciplinary and enhancing innovation ability，exploration and practice on selecting the students，designing the curriculum，devising course mode and class management.

Keywords：strengthen the foundations of mathematics，Engineering and technology talents，interdisciplinarity，talents training mode

　　为了深入贯彻落实国家全面提高高等教育质量的教育方针，同济大学数学系在国家工科数学基地的基础上，紧扣学校"知识是基础、能力是关键、人格是核心"的教学理念，通过坚持内涵式科学发展，积极开展工科拔尖创新人才培养的理论、内容和方法的研究，积极尝试小班化、信息化和国际化创新教学方法的新途径和新方法，利用跨学院办学强强联合，从 2009 年开始创办"基于强化数理基础的工程科技人才培养模式创新实验区"（简称"数理强化班"），采用个性化的培养方案实行精英教育，探索和实践"加强数学基础、注重科学思维、促进学科交叉、培养创新能力"学科交叉型拔尖创新人才的创新模式。

在完成教育部重点教改项目"强数学基础应用型交叉人才的培养模式的探索"（2004—2008）教改经验的基础上,同济大学数学系通过实地考察和学习法国精英工程师教学模式、教育制度和教学情况,从2009年开始先后承担了教育部项目"基于强化数理基础的工程科技人才培养模式创新试验区"和上海市重点教改项目"加强数学基础,培养拔尖创新人才探索",数理强化班正是实施这些教改项目的重要落点。经过近5年的努力,数理强化班在学生选拔、课程设计、课程教学模式、班级管理等方面取得了一些进展和成效,有效推动了学科交叉型拔尖创新人才培养的模式创新和机制改革,并在人才培养方面取得了实质性的成果,起到了很好的辐射示范效应。

一、改革理念与实施方案

(一) 理念与目标

2004年,同济大学数学系承担教育部重点教改项目"强数学基础应用型交叉人才的培养模式的探索",旨在打通传统理科和工科培养的壁垒,培养具备扎实深厚的数理基础和广阔的专业发展前景的复合型计算机软件专业的高端人才。经过四年的培养,2004级和2005级学生在深造和就业都显示了较强的能力,上海市教委和教育部全国示范性软件学院项目终期评估专家组对试点班给予了高度的评价。无独有偶,通过实地考察法国精英工程师教学模式、教育制度和教学情况,发现强化数学基础是法国精英工程师教育的核心理念,这和同济大学数学系这几年来的教学改革和研究的理念不谋而合。

在总结以往经验的基础上,在专家的鼓励和学校的政策支持下,数学系先后承担了教育部项目"基于强化数理基础的工程科技人才培养模式创新试验区"和上海市重点教改项目"加强数学基础,培养拔尖创新人才探索",通过数理强化班的办学,努力突破"流水线式"人才培养模式,探索"三结合、两段式、厚基础、个性化"的拔尖创新人才培养新模式,形成一套有利于促进优质科教资源向人才培养聚集的协同创新机制。

促进科研与教育相结合,二者密切互动,把科学研究和工程技术的最新发展及时融入教学内容,提升教师的教学水平,给学生接触科学研究前沿的机会;在坚持基础理论课程学习的基础上,通过让学生参与实际的研究活动,实现理论与实践的有机结合,提升学生的原始创新能力;数学系与土木工程、交通运输和电子电信三个学院密切合作,从招生到学籍管理方面相互支持、在培养方案和课程设计方面资源共享、形成数学基础课程与专业课程相结合、优势互补的办学模式和优良传统,优化学生全过程的成长条件。在本科生中实行"两段式"培养,第一阶段为基础教育,前一年半由数学系培养和管理,第二阶段为专业教育,即后两年半由土木学院、交通学院和电信学院分别培养,注重"因材施教、个性化培养",提高人才培养的有机互动。

数理强化班的培养目标是培养一批既具有扎实的数学基础、又掌握某一应用工程领域专业知识,具备良好的个人素质、研究热情以及社会责任感的交叉型应用创新人才,让他们有机会成长为未来活跃在急需较强数学基础的相关工程领域的专业精英和行业领袖。数理强化班旨在探索学科交叉型拔尖创新人才培养的新模式和新方法,为有志于从事土木工程、交通运输和电子电信及相关领域研究的学生提供合适的培养,加强其应用数学知识解决实际工程问题的能力,在本科毕业后进入国际最优秀的研究团队继续深造。

(二) 改革重点

1. 拔尖学生选拔方式改革

选拔方式打破常规、不拘一格,同时实行淘汰机制动态管理,将那些特别优秀、热爱数学、具有发展潜质的学生挑选出来。

2. 拔尖学生培养模式改革

数理强化班前一年半采取数学大类培养,重视基础,不设具体学科方向;配备教学经验丰富、科研业务精干的优秀师资培育学生的科学思维、启蒙学生的创新意识,引导学生应用数学理论知识解决实际问题;积极推进小班化教学和启发式教学,全面推进素质教育,配备教师负责学生研究性学习和讨论,使课程讲授式教学和学生自主探索相结合;鼓励学生自主探索、研究性学习,为学生提供个性化支持和指导,使他们自然成长。

通过一年半数学课程的学习,学生应具有扎实的数学功底,较强的逻辑思维能力以及运算能力,会建模,会计算。通过数学建模—数学分析和求解—数学计算三者的有机结合,相互依存,相互渗透,以达到培养同学解决实际问题的能力。为进入专业阶段的学习打下扎实的数理基础。

二、改革举措与进展

(一) 有退出机制的动态选拔模式

数理强化班每年在新录取的新生中经过选拔招生,每届学生 50～60 名。前一年半在数学系培养,之后转入土木工程学院、交通运输工程学院和电子与信息工程学院相应的专业继续学习。

选拔方式根据学校新生入学考试成绩,结合该学生所在省份当年录取同济的平均分数线计算出绩点,再结合数学竞赛等级和外语分级考试成绩给予奖励和加分,最后根据综合绩点确定录取学生名单的多元化学生选拔方式。

在保持基本稳定的前提下,数理强化班实行淘汰机制动态管理。有下列情形之一,一般调整出数理强化班并回第一次录取的专业继续学习:一是前3个学期中,学生在所学课程中经一次补考后,仍有不及格课程;二是学生对数学课程学习困难和对学习强度不适应者。退班每学期执行一次,为保持数理强化班的整体稳定,总调整比例(不包括自动退出名额)一般不超过总人数的20%。

(二)聘请经验丰富的教学团队进行课程设计

数理强化班配备教学经验丰富、科研业务精干的优秀师资对培养方案和课程进行精心设计,增加了"数学分析"、"高等代数"、"常微分方程"、"数理方程"、"复变函数"、"概率论"、"统计学"等七门数学主干课程和《数学建模》、《数值分析》两门实践课程,通过形式多样的教学手段培育学生的科学思维,启蒙学生的创新意识,引导学生应用数学理论知识解决实际问题。

数学系邀请校内外专家为数理强化班同学传道授业解惑,开设了各类系列讲座和论坛增进知识和文化,全面提高专业和人文素养。主题可分三个方面:

(1)学习过程中的特殊专题

每学期定期组织圆桌会议交流学习困难,邀请成绩优秀的同学介绍经验,聘请任课教授就某个专题提纲挈领讲解思路,或就学生提出的问题答疑解惑。第三学期会邀请土木工程、交通运输、计算机和电气信息的老师就分专业的课题作专题报告。

(2)科学研究前沿系列讲座

① 学科交叉系列讲座。为了增进对各专业的深入了解,数理强化班不定期的邀请土木工程、交通运输、计算机和电气信息等工程的教授和专家就研究的课题作工程和科学研究前沿讲座,提升科学思维与创新意识,开拓科学与工程研究视野。

② 数学与应用数学系列讲座。到目前为止,我们邀请国内外教学名师和专家为数理强化班的同学们做了24场包括数学建模和金融数学在内的科学前沿和科普报告,为他们打开了一个奇妙的数学世界。

③ 短学时课程。邀请国内外著名专家为数理强化班学生开设某一方面的短期课程,拓展知识,锻炼学生解决问题的能力。

(3)通识教育

为了培养学生的心理素质、人文素养、责任意识、团队精神等综合素质,邀请各方面的专家开展通识教育讲座和培训,已开设的讲座包括心理、增进记忆力、历史和人文等方面的专题,要求课堂上深入讨论,课后完成作业。

(三) 积极开展课程教学模式改革

数理强化班的数学课程全部实现单独开班,部分专业课程也单独开办,并积极推进启发式教学等多种教学手段和教学模式。譬如在"高等代数"课堂上就实行小班讲授、讨论和研究性学习;配备专门教师负责学生研究性学习和讨论,使课程讲授式教学和学生自主探索相结合。

每个月邀请一定数量的任课老师或者其他专家与数理强化班同学共进一次午餐。在轻松的氛围下,同学们就关心的各种问题与导师、专家交流讨论。

(四) 跨学院、跨专业的教学思政管理模式和工作机制

数学系为数理强化班配备富有教学管理经验的班主任,管理数理强化班的具体事务,及时调整学籍、档案、培养方案和宿舍等与学生切身相关的事务。譬如,当数理强化班学生由四平路校区搬到嘉定校区的时候,班主任帮助同学一起打包行李,集体请搬家公司运送到嘉定校区。

数学系不定期跟土木学院、交通学院和电信学院的教学管理和思政管理的老师举办形式多样的交流,共同研讨数理强化班学生培养过程中遇到的问题,譬如转专业,选专业以及出国留学等。

三、改革成效和未来展望

(一) 改革成效

1. 毕业班情况

2013 年 7 月,我们迎来了第一届(2009 级)数理强化班毕业生,除 1 人生病,4 人工作以外,都通过出国、保研和考研的方式选择自己喜欢的专业继续深造。据统计,60％学生成功保研,10％的学生去法国和德国出国深造,20％的学生选择了自己考研,10％的人选择先工作。在保研的学生中,杨桐同学以综合面试第一的成绩进入中国人民银行研究生院清华大学五道口金融学院学习;在考研的学生中,都鹜同学以第一名的成绩考上本校土木学院桥梁专业。

数理强化班数学课程的设置满足了同济大学数学与应用数学专业辅修证书的要求,学生累计取得数理强化班的培养方案中的数学课程的足够学分后可获得数

学与应用数学专业辅修证书。目前,共有 87 名数理强化班学生取得数学与应用数学专业辅修证书,其中 2009 级 43 名,2010 级 44 名。

2. 学科竞赛成效显著

数理强化班自开办以来,由于较强的数学背景,较扎实的数学基础,这些学生在学科竞赛和大学生创新活动中取得显著成绩,初步形成了我校本科人才培养工作中的一个鲜明特色,构成了研究型大学本科教育教学体系中一个非常重要的组成部分,为学生继续深造和就业拓宽了渠道。

近五年来不完全统计,数理强化班学生在全国大学生数学竞赛和全国数学建模竞赛等学科竞赛中获国际和全国以上等级奖共计 33 项,其中 2010 级数理强化班的王雅峰等同学获得美国大学生数学建模竞赛特等奖提名奖和 Ben Fasaro 奖;在全国大学生数学竞赛(非数学类)初赛中,来自 2012 级数理强化班的学生张琦以遥遥领先的优势获得上海赛区第一名,随后获得全国大学生数学竞赛(非数学类)决赛一等奖。

这些学生不仅在在学科竞赛中崭露头角,在创新思维和研究能力方面也大放异彩,数理强化班学生今年共获国家级和上海市大学生创新项目 8 项,其中,2009 级数理强化班的杨桐等同学的《"低碳出行新理念"——基于上海市的"租车式拼车"模式研究与推广》获世园会专项特等奖,并且杨桐同学荣获第五届上海市青少年科技创新市长奖的市长提名奖。

3. 机制体制创新复制推广

数理强化班改革取得的成效和经验也得到了一些专家的肯定和关注,其中《加强数学基础,培养交叉型应用人才》荣获 2010 年同济大学教学成果特等奖,《加强数学基础,培养工科学科交叉型应用创新人才的实践与研究》荣获 2013 年高等教育上海市级教学成果一等奖。相关可复制的制度创新和人才培养模式正在向机械、经管和轨道交通等校内其他专业推广、复制和移植。

参 考 文 献

蒋凤瑛,李少华,徐建平,兰辉,廖洒丽,李静茹.加强数学基础,培养交叉型应用人才.2010 年同济大学教学成果.

"概率论与数理统计"课程教学
应该赶上时代的步伐

钱伟民[①]

（同济大学数学系）

摘　要： 随着大数据时代的到来，现行的"概率论与数理统计"课程的教学已经越来越跟不上时代的脚步，本文主要阐述现行的"概率论与数理统计"课程的教学在教学内容、实践能力培养和课时安排等方面的弊端，并探讨改变现状的办法。

关键词： 教学大纲　条件期望　条件分位数　统计软件

Abstract： With the advent of the era of big data, the current teaching for the course probability theory and mathematical statistics is getting more and more to keep up with the pace of The Times, the paper mainly explained the the disadvantages of the current teaching for the course probability theory and mathematical statistics in the teaching contents, practice ability training and teaching schedule, etc, and explore the way to change the status quo.

Keywords： The syllabus, conditional expectation, conditional quantile, statistical software

　　"概率论与数理统计"课程的教学与大学阶段的另外两门数学课程"高等数学"和"线性代数"的最大不同是"概率论与数理统计"知识有着广泛应用性。事实上，大学生在理工科的毕业论文写作中经常需要进行数据分析，因此，在"概率论与数理统计"课程的教学过程中如何提高学生应用学到的知识解决实际问题的能力应该作为课程教学的主要目标之一。但是，我们发现随着大数据时代的到来，"概率论与数理统计"课程的教学越来越跟不上时代的步伐，越来越不适应各学科对数据分析的需要。本文从教学大纲、统计软件的掌握和课时的安排三方面对"概率论与数理统计"课程的教学存在的问题进行分析，并探讨解决问题的方法。

---

　　① 通讯作者：钱伟民，教授，同济大学数学系，电子邮箱：weiminqian@tongji.edu.cn

首先，从"概率论与数理统计"课程的教学大纲不难发现，现行的教学大纲依然把"概率论与数理统计"课程与"高等数学"和"线性代数"等同看待，依然将其视为考研数学的三驾马车之一。从教学大纲的内容来看，明显是重概率轻统计，从教学时数的安排也是"概率论"占了大部分，占了 70％左右的教学时间，"数理统计"只占 30％左右，在实际教学中通常数理统计部分只能介绍统计的基本概念和参数统计这两章的内容。而对学生而言，数理统计是他们在做数据分析时真正需要的知识。

其次，现行的教学大纲还存在严重的缺陷，在概率论部分教学内容要求介绍二维随机变量的联合分布、边缘分布和条件分布，但却不要求介绍对应于条件分布的数字特征。事实上，随着近年来统计学的飞速发展，条件期望、条件方差和条件分位数是统计学里应用非常广泛的概念，只有理解了条件期望才能理解回归分析方法，只有理解了条件分位数才能理解分位数回归，只有理解了条件方差才能理解GARCH模型。所以，至少应该在课程教学中介绍条件期望、条件方差和条件分位数的概念。

对理工科院校的"概率论与数理统计"课程的教学而言，考研是一根指挥棒，由于考研的需要，"概率论与数理统计"课程的教学过多地承载了选拔优秀人才的重任，但对那些不考研的学生"概率论与数理统计"课程的教学是否公允？对这些学生而言，他们并没有学到他们真正需要的知识。事实上，由于有考研这根指挥棒，造成我国的"概率论与数理统计"课程的教材基本上是一个模子刻出来的，而在国外"概率论与数理统计"课程有各种适应不同学生的需要的教材，有的教材主要介绍统计知识，只安排 30％内容介绍概率论的基本要点，例如文献[1]。

改变现状的方法是修改全国硕士研究生入学统一考试数学考试大纲中有关概率论与数理统计部分，降低概率论部分的要求，例如可以去掉泊松定理的内容，因为有了统计软件计算二项概率已不是难事，增加数理统计部分的比重。从文献[2]可以看出，现行的考研对概率论的要求大大超过对数理统计的要求，其弊端是使学生忽视了数理统计知识的学习。通过修改考研的大纲有助于引导高等院校合理安排课时，确保增加数理统计部分的学时。

结合"概率论与数理统计"课程的教学过程让学生掌握一种统计软件也是十分必要的。在实际应用中利用统计软件解决实际问题应该是每位学习"概率论与数理统计"课程的学生必须掌握的技能。在这方面对不同高等学校可以有不同的要求，最低的要求是能够学会用 EXCEL 解决统计问题，其次，要求学生掌握 Mintab 或 SPSS，比较高的要求是掌握使用 R 或 SAS。当然，如果能够结合其他数学课程（如数值计算）的学习学会用 MATLAB 解决统计问题也是值得提倡的。这方面的教学可以使广大学生受益，提升学生运用统计知识解决实际问题的能力。

最后，要使"概率论与数理统计"课程的教学赶上时代的步伐，需要在课时安排上进行必要调整。现在,高校的"概率论与数理统计"课程的教学的周时数为 3 学时,有必要调整为周学时为 4 学时,这样总学时可达到 68 学时,就能有足够的时间介绍数理统计的内容和介绍统计软件的使用。同时,压缩概率论部分的课时数,可以尝试用 28 课时介绍概率论的基本内容,32 课时介绍数理统计部分的内容,8 课时结合课程教学介绍应用一种统计软件的使用方法。对学习数理统计的学生而言,学习并掌握一种统计软件的应用是很有必要的。经过上述调整,就能增加数理统计部分的教学内容,可以在课程中增加讲授假设检验、方差分析和回归分析的内容。教学内容的改变也为"概率论与数理统计"课程的教学评价体系提供了可能性。可以改变"概率论与数理统计"课程只通过考试评价学生学习情况的现状。教师可以安排一些有实际应用的课题让学生利用课余时间进行研究和探讨,通过课程小论文的形式考查学生的应用能力。

上面对现行的"概率论与数理统计"课程教学的弊端和解决方法提出了我们的意见。上述设想应该是可行的,因为随着高中数学的改革,在高中阶段学生都已经涉及随机事件的概率计算,所以,完全可以减少概率论部分的课时数,大学的概率论部分的教学应该突出随机变量分布和数字特征这一主题,使概率论部分的学习是为数理统计部分的教学做铺垫和必要准备。改革的目的只有一个:要彻底改变"概率论与数理统计"课程的教学中存在的用的不学、考的不用的局面,使大多数学习"概率论与数理统计"课程的学生在学习中获益。

英国科幻小说家威尔斯曾经预言:如同读写能力,统计思维总有一天会成为高效公民所必需的能力。相信只要在统计学教学中坚持与时俱进,经过我们不懈的努力可以提高整个民族的统计素养。

参 考 文 献

[1] Sheldon M. Ross. Introductory Statistics[M]. Amsterdam:Academic Press,2010.

[2] 教育部考试中心.2013 年全国硕士研究生入学统一考试数学考试大纲[M].北京:高等教育出版社,2012.

成人教育中"高等数学"课程教学体系研究与实践

殷俊锋[①]　张　弢　濮燕敏　项家樑

（同济大学数学系）

摘　要：高等数学作为经典的数学基础课程，已经成为成人教育绝大多数专业入门的必修课程。由于各学院各专业要求不同，近年来成人高等教育中高等数学课程在教学内容和要求上参差不齐，部分内容缺失或者重复教学。笔者结合长期教学经验，经过广泛调查和研讨，从教与学的角度出发，针对各层次学生对高等数学课程从教学内容、教学要求和教学方法等方面进行改革与实践，以期逐步提高高等数学的教学质量。

关键词：成人教育　高等数学　分层次教学　教学大纲

Abstract：Advanced mathematics is the traditional and fundamental mathematics course, has become a required course for most specialties in adult education. Due to the requirements of different specialties are different, recently it results that the contents and requirements of mathematics course in adult education are disordered, some contents are missing or overlapping in teaching process. According to the long-term teaching experience, under extensive investigation and research, the authors uniform the contents, requirements and teaching methods of advanced mathematics for different levels and different specialties adapt to better teaching and learning, and give a practice in order to gradually improve the education quality.

Keywords：Adult education, advanced mathematics, hierarchical teaching, teaching syllabus

在现代社会，作为我国高等教育结构体系中的关键环节之一，成人教育已经成为构建终身教育体系的决定性因素，对大力推进我国"大众化"教育，不断提高全民素质，促进经济和社会的进一步发展发挥着越来越重要的作用。在众多的成人教育专业中，高等数学作为经典的数学基础课程，几乎成为每个学生必修的基础课程，也是第一门数学课，更是学位考的必考科目。作为培养和造就各类高层次专门

---

①　通讯作者：殷俊锋，教授，同济大学数学系，电子邮箱：yinjf@tongji.edu.cn

人才的基础课程,高等数学是学生掌握必要数学工具的主要课程,是培养学生理性思维的重要载体,也是学生接受美感熏陶的一种重要途径。

近年来,笔者一直从事成人高等教育的高等数学的教学工作以及教学教务管理工作,通过对实际工作经验的总结以及对其他成人院校高等数学教学现状的广泛调研,发现在成人高等教育中,高等数学课程在教学内容和要求上参差不齐,部分内容缺失或者重复教学,造成了教学资源的重复使用和浪费,引起了国内学者的广泛关注[1-3],亟需从教学内容、教学要求和教学方法等方面进行统一规范教学。

一、成人教育高等数学课程的现状、成因和改革目的

在查阅大量相关文献和对不同院校的师生做了广泛问卷调查后发现,造成成人高等数学课程在教学内容和要求上参差不齐的原因是多层次、多方面的,如果从高等数学教学活动中的"教"与"学"这两方面来加以分析,可以归结为以下三点:

(一)根据面向的学生层次不同,高等数学课程教学内容和教学要求有所差别

成人教育高等数学课程教授的学生有高升本、专升本和高升专三个层次。与大多数其他成教课程不同,高等数学具有很强的纵向连续性。要想学好这门课程,必须要求学生对高中、初中乃至小学数学都有较好的掌握。现阶段的成教学生,由于各种各样的原因,在进入成教学习之前对相关数学知识的掌握程度普遍较低,数学基础差成为成教学生学好数学的一大短板,所以完成现有的中学数学功底和高数的成功对接是能够顺利完成高数教学的第一步。

高升专的学生由于没有学位考的压力,教学内容和要求相对较低;高升本和专升本的学生,由于具有学位考的压力,所以教学内容和要求相对较高。由于高升本的学生没有学过高等数学任何内容,所以学习内容相对来说较完整,跨度最大,学习时间是最长;而专升本的学生有一定的高等数学基础,中学数学功底也较扎实,但由于学生来源不一、层次不同,普遍需要花费大量时间复习旧内容,新内容的教学时间略显不足。

(二)根据面向的学院和专业不同,高等数学课程教学内容和教学要求有所差别

成人教育中最受欢迎的是经济管理学院的工商管理专业,数学课程的要求相对来说较低,考研的学生也只需要达到数学(三)的要求,部分专业开设"应用高等数学"和"经济数学"等课程以便减少教学内容和降低难度。然而,类似于工民建等工程专业,对数学要求较高,通常需要不仅领会数学思想,还需要掌握实际计算方

法和数学模型,教学内容和教学要求较高。而对于文法类的专业,高等数学课程或者不开设,即使开设也要求极低。

长期以来,由于培养方案由各学院各教学专业提出,高等数学课程在教学内容和要求上参差不齐,部分内容缺失或者重复教学,甚至同样的课程名称教学内容千差万别,造成了教学资源的重复使用和浪费,也给排课和任课教师带来不必要的困难。

(三) 根据学时和学分不同,高等数学课程教学内容和教学要求有所差别

高等数学是一门综合课程,知识面非常广泛,不仅涵盖了微积分、线性代数以及微分方程等众多数学分支,而且每个分支所包含的内容也非常丰富。通过调研发现,即使对于全日制本科院校的学生,用在学习这门课程的时间一般比其他课程所用时间至少多出一倍,除了课堂上认真听讲之外,还需要花费大量时间完成课前预习以及课后复习、作业等工作。反观成教学生,由于大多是利用业余时间学习,有限的时间和精力需要更多地分配到自己的本职工作中去,从而有效学习时间几乎就只剩下课堂学习这一小段时间,可以说学习时间少是成教学生学好高等数学课程的另一块短板。

以上三个原因虽然是从不同方向对造成高等数学课程教学内容和教学要求差别的原因进行了分析,所反映的具体问题也不尽相同,但综合分析后就能够发现高等数学课程亟需从教学内容、教学要求和教学方法等方面进行统一规范教学。

伴随着国家"大众化"教育的不断推进,成教学生的入学门槛已经在不断降低,近期甚至出现了"零门槛"的趋势。这种"低准入"的入学制度无疑能够起到吸引更多的人来接受高等教育,不断扩大成人高等教育的受惠范围的作用,进而对全面提高国民素质做出更大的贡献。但同时也带来了成教学生种类更加复杂化的问题,就高等数学教学而言,主要的一个方面就是进校学习的同学数学素质更趋多样化,数学基础参差不齐,对数学知识的具体需求也千差万别。

除了高升专的学生,其他成人教育的学生都需要面临统一的学位考试。高等数学的学习成绩不仅影响到后续数学课程以及本专业的专业课程,更影响着学生在三年或五年的大学学习后能否拿到本科学位证书。我们在这里针对不同专业,不同类型,不同层次要求的学生,制定和完善适合夜大学生学习的统一的教学大纲,教学内容,使得各种不同类型,不同要求的学生能够分别对待,能够让夜大的学生尽快的进入到高等数学的学习中去,在有限的业余时间中能够让高等数学课程达到学位考的水平要求。

二、成人教育高等数学课程分层次教学标准化改革与实践

本文针对各个不同类型的学生标准化高等数学教学大纲,用以指导高等数学

因类施教,因材施教。

(一)专升本高等数学课程教学内容、知识点和教学要求

高等数学是工科本科各专业学生的一门必修的重要基础理论课。通过本课程的学习,要使学生在巩固一元函数微分学的相关知识的同时获得:①向量代数和空间解析几何;②多元函数微积分学;③无穷级数(包括傅立叶级数)等方面的基本概念、基本理论和基本运算技能,为学习后继课程和进一步获取数学知识奠定必要的数学基础。本课程安排分为高等数学一学期授课,总学时为64,共4学分。

由于专升本的学生以前有过一元函数和多元函数的部分内容的学习基础,所以对于上册的内容主要任务是对过去的知识的迅速唤醒,以便对后续的教学任务的展开提供先决条件,但是因为他们曾经的大学记忆已经很遥远,所以上册的分配学时还是给足了,主要用于对主要内容进行总结,基本计算方法的练习和知识点的融汇于贯通,以便能够更好的做到低开高走,对于下册的内容,在专科阶段的法定内容以回忆为主,比如偏导和全微分的计算,二重积分的直角坐标和极坐标等,同时在此基础上增加本科的教学要求,比如空间解析几何部分,这对重积分曲线积分的理解起到了直观影像作用,同时也是偏导数几何应用的基础。曲线积分计算,格林公式和与路径无关部分,更是本科要求的重点内容,而傅里叶级数部分更是为某些专业的后续课程奠定了理论基础。

(二)高升本高等数学课程教学内容、知识点和教学要求

高升本是学时最多的一类学生,他们没有大学的高等数学基础,需要从头学起,一方面需要把高中的内容捡拾起来,以便顺利的完成高等数学的学习,一方面要对学过的知识不断整理、熟悉和提高,以便顺利的通过一年半之后的学位考。高升本按照各个专业对数学的不同需求原来分为B,C,D三个层次的教学,现在统一教学要求如下:

通过本课程的学习,要使学生获得:①一元函数微分学;②一元函数积分学;③向量代数和空间解析几何;④多元函数微分学;⑤多元函数积分学;⑥无穷级数(包括傅立叶级数);⑦常微分方程等方面的基本概念、基本理论和基本运算技能,为学习后继课程和进一步获取数学知识奠定必要的数学基础。高等数学(一)、(二)、(三)三学期授课,总学时为48+48+48,共9学分。

由于高升本的学生的起点比较弱,所以在开始部分要加强中学基础知识和高等数学知识点的衔接,使学生能尽快的进入到高等数学的模式中去,这需要一定的时间,一定的教学方法进行调整,所以第一学期只安排了一元函数的微分学部分,希望能够把基础做的相对扎实,以便后面内容的顺利开展,第二学期是一元积分和

微分方程,一元积分从导数的逆运算着手,使学生感觉和第一学期的紧密联系度,减弱对新知识的陌生感;微分方程看成是导数的"较高级"运算,所差异的只是公式的运用,这样学生会依赖这对导数的信任,把这两个相关内容顺利接受。第三学期主要是一元函数微分学的推广,只需要学生掌握简单的基本运算法则,在后续课程中做到用到知道曾经拥有,查阅资料时看得懂,会应用即可,所以可以在同学会计算的基础上适当"提速",以便使整个课程的"完全"结束。

(三) 高升专高等数学课程教学内容、知识点和教学要求

高升专的学生相对来说基础最为薄弱,他们的学科对于数学的基础要求也较弱,所以对他们来讲,数学只是一个工具的学习,掌握一元和多元微积分的基本概念:极限、导数和积分,知道它们的基本运算、基本应用,在相应的后续学科中用到高等数学的知识时知道它的基本原理,并能够运用到所用的学科中去。因为他们没有学位考的压力,所以对数学的热情也不像高升本,专升本那样强烈,所以怎样调动他们对数学的积极性,增加他们学习数学的兴趣,是高数第一课的主要任务。

通过本课程的学习,要使学生获得:①函数与极限;②一元函数微积分学;③多元函数微积分学初步;④常微分方程等方面的基本概念、基本理论和基本运算技能,为学习后继课程和进一步获取数学知识奠定必要的数学基础。本课程安排分为高等数学(上)、(下)二学期授课,总学时为 48+48,共 6 学分。

三、结论和展望

夜大学生和全日制应届学生相比有其特殊性,年龄的不同,阅历的不同,上课时间和精力分配的不同决定了成人教育不能依照未成年人的教育方式而进行,因此要依据成年人学习的特点,提高他们参与课堂活动的积极性,有效配合教师的课堂要求,更好的掌握本学科知识,在实践中灵活运用,解决生活和工作的实际问题,才是他们再学习的基本目的。

参 考 文 献

[1] 冯保平. 成人教育中高等数学分层次教学探索[J]. 现代企业教育,2012(6),121-122.

[2] 张新燕. 成人高等数学教学改革探讨[J]. 中国成人教育,2008(1):152-153.

[3] 冯爱芬,杨万才,许丽萍. 理工科成人教育高等数学课程体系的研究与实践[J]. 继续教育研究,2008(6):14-16.

浅谈信息技术在概率统计教学实践中的应用

钱志坚

（同济大学数学系）

摘　要："概率论与数理统计"对我国高校的绝大多数理工科及管理专业而言都是一门重要的基础课。为了改变传统的"概率论与数理统计"教学不能顺应现代理工科人才对于应用统计方法和应用统计软件的迫切需求，根据多年的教学实践，总结了一套利用信息技术，对工科学生的"概率论与数理统计"课程进行全程现代化教学模式改革的经验和方法，在此作一总结与陈述。

关键词：概率统计　随机试验　统计软件　教学平台

Abstract："Probability and Statistics" is one of most important basic courses for students major in science，engineering and management in most colleges and universities of our country. In order to meet the urge requirement to applied Statistics and Statistical software for today's students，based on many years of teaching practice，in this article I summed up a set of experience and method in teaching the course of "probability and Statistics" by the use of information technology.

Keywords：Probability and Statistics，Curriculum Reform，Random Experiment，Statistical Software，Teaching Platform，Homework in computer，Test by Computer

　　随着科学技术的高速发展和进步，我们已经迈入了一个数字化的世界。面对海量的数据，需要有大量掌握概率统计知识的人才对其予以处理。也因为如此，大学工程数学的三大课程之一——"概率论与数理统计"也越来越得到全国各高等院校的重视。

　　"概率论与数理统计"对我国高校的绝大多数理工科及管理专业而言都是一门重要的基础课。传统的"概率论与数理统计"教学，将70％的课时分配给了概率论，数理统计只有30％的课时，一般课程内容只可能教授到正态总体的区间估计，对于假设检验、方差分析、回归分析等统计中最常用的应用内容根本没有时间讲解，更不用提结合统计软件，进行统计分析了。而事实是，当前众多理工科专业人才培养的知识结构发生了不少变化，其中突出的一点，恰恰就是对应用统计方法和应用统计软件的需求。因此，为了顺应这种变化，需要对现有的课程内容和教学方法作相当的改革。

本人从多年的教学实践中，总结了一套利用信息技术，对工科学生的"概率论与数理统计"课程进行全程现代化教学模式改革的经验和方法，在此作一总结与陈述。

一、全部课程的多媒体表述

笔者通过多年的积累，为整个课程制作了完整的多媒体课件，其中包括网页形式的内容展示，PPT 形式的内容提要，以及 Flash 的动画演示。在用多媒体授课的同时，也不放弃传统的板书推导重要公式和重要定理，从而避免了多媒体课程太过直观，直接展示定理结果，学生缺乏思考过程的弊端。

多种形式结合的授课方法，使课程内容生动形象，繁简适宜。课中穿插的大量概率统计实验和演示视频，加深了学生对于概率统计的深入了解，加强了学生对统计软件使用技巧的掌握。而且最重要的是，这样的授课方式可以节省三分之一的课时，正好用以补充传统授课来不及讲完的统计部分内容，如假设检验、方差分析、回归分析等。

二、大量概率统计的演示实验

整个课程，将近有 30 个概率统计的演示实验。其中关于概率实验的有古典概型的掷分币、掷骰子、抽纸牌、抽卡等；几何概型的会面问题、蒲丰投针试验、π 的计算等；一般概率模型的捕鱼问题、求期望的车流量统计、水中的大肠杆菌估计等；关于统计试验的有均匀随机数的检验、假设检验中的两类错误、蒙特卡洛方法求复杂图形的面积等；引出定义及定理的有事件关系、全概率公式、敏感问题调查、切比晓夫不等式等；分布展示的有高尔顿试验、统计三大分布及密度演示、分位点、各分布的直方图等。

这些概率统计演示实验，既可供教师课堂使用，也可供学生课外使用。有的可以帮助认识随机事件结果的随机性与大量试验下的统计规律，有的可以帮助引入课程中的一些难点和重点，有的可以使学生对分布有更直观的认识。很多按随机试验要求制作的实验演示，其内容也会随着试验结果的不同而发生变化，从而让学生真正体会概率统计的本质。

三、结合软件对概率统计的内容进行演算

工科数学的"概率论与数理统计"内容基本属于基础概率统计，基于此，本课程

给学生推荐的统计软件主要是微软的电子表格程序 Excel。利用 Excel 中的统计函数和统计宏,可以完成课程几乎全部内容的计算、作图等。为此,我制作了近二十个与课程内容相关的 Excel 统计功能视频演示,供课堂教学及学生课后学习之用。这些演示,从 Excel 的基础使用到概率分布函数的计算、统计图形的绘制、区间估计、假设检验、方差分析和回归分析等,涵盖了整个课程内容。

四、建立"概率论与数理统计"精品课程网页和互动平台

为了帮助学生在课堂学习之余深化了解课程内容,笔者利用全系资源,建立了完整的概率统计精品课程网页,其中包括课程重点、统计实验、Excel 学习、难题介绍、习题解答、试卷解析等,使学生拥有一个随时随处都能得到辅助的好帮手。这些丰富多彩的教学内容,使得学生比较牢固地掌握了概率统计的精髓,而不是学完、背完、考完就忘记了。

此外,利用学校与社会提供的网络资源建立起的师生互动平台,既方便学生下载参考资料、补充习题和参考答案等资源,也便于教师与学生,以及学生之间的问答和互动。

五、出版配套新教材

新的教学方法和教学思路需要相应的教材,为此,在高等教育出版社的支持下,组织出版了与课程改革内容配套的新教材《工程数学——新编统计学教程》。新编教材希望提供一个理念,即概率统计课程应以统计为主线,概率为工具,使学生真正学到实际的统计分析能力,而不只是统计的一个概念。

基于这种理念,教材的编写在内容和体例上作了较大的变动,即将以往以概率为主的体例,变为以统计为主线,围绕处理统计问题的不同阶段展开课程内容。在不弱化传统概率论的教学基础上,大大加强了统计内容。

教材在例子和内容上增添了一些新的元素,以一个个实际的问题引入概率和统计的重要概念。此外,教材还增加了很多例题和习题。这些习题需要通过 Excel 的使用来得到最终结果,从而鼓励学生应用统计软件来解决问题。

六、推演题、证明题作业与计算机作业的结合

由于增加了很多统计内容,而这些内容的计算又比较繁杂,需要统计软件辅助计算。所以,除了传统的推演题、证明题作业外,还需要增加计算机作业并通过电

子邮件递交。为此，需要制定一整套电子作业标准，包括规范化的作业命名方式、合适的载体选定（笔者以 Excel 为作业标准）、常用数学符号的简略表示以及程序、结果、图片的合理运用等，使这些电子作业既有足够的内容，文件又不会太大，方便教师下载作业、验证结果，高效率地批改作业。

同时，利用现有的邮件软件，既可自动回复学生，又可自动归并学生的作业附件，从而大大减轻了教师的工作强度，不用一一点开每封邮件即可批改作业。

七、除笔试以外，增加机考内容

课程考试在传统的笔试方式基础上增加了机考部分的内容。除了考核学生对于概率统计基础理论和基础知识的推演、证明的笔试外，大题量、全范围的机考，还可考核学生对于概率统计问题的计算机应用能力。最终，结合平时作业情况，得到一个综合、全面的评分。

多年来，笔者通过部分或全面地应用上述方法，进行了多种形式的教学改革尝试。在系领导的大力支持下，笔者在"概率论与数理统计"课程中，将大面积选我课程的学生在自愿的基础上编入课程改革试点班。课程试验同时采用两本教材：以 Excel 和统计内容为主的新教材搭配传统大面积学生使用的教材。在保证传统课程内容的讲授外，增加了 Excel 解决统计问题的内容介绍，还增加了假设检验、回归、方差分析等统计内容。整个课程的教学内容多出近 50%，课时却不多一个小时。学生除了参加机试，还要参加全校的概率统计统一笔试。最终，实验效果比较理想，试点班笔试的平均成绩领先于全年级，机试的结果也很优秀，由此表明学生已基本掌握了 Excel 中的统计功能。课程受到了学生的热烈欢迎，大家都认为既学到了理论知识，又掌握了应用能力，还加强了 Excel 的使用水平，实在是一举多得的好事。

综上所述，只要在教学改革的各个节点，注意引入现代化的教学模式，进行合适的教学改革，定将得到丰硕的成果。

线性代数的教学探讨

摘　要：将线性代数与高等数学的教学相结合，把线性代数中抽象的理论用具体的直观的例子说明，化繁为简，化抽象为具体，以求取得良好的教学效果。

关键词：线性代数　抽象　具体

Abstract：By combined with the teaching of advanced mathematics，this article gives a series of feasible examples by visualizing the linear algebra. The teaching method that turns complexity to simplicity and turns abstract to concrete is proposed to bring a good teaching result.

Keywords：Linear algebra；abstract；concrete

　　线性代数与高等数学一样，是高等学校理工科学生必修的一门基础课。线性代数所采用的严格的公理化方法、几何与代数之间的有机联系，对于培养学生的抽象思维能力、运用数学逻辑解决实际问题的能力都是非常有用的。但是正因为线性代数理论的抽象，概念的繁多枯燥，导致学生难学，教师难教。如何让线性代数的教学变得简单有趣，是数学老师一直关注和讨论的话题[1-5]。下面结合教学实践，谈谈我们在线性代数教学中的几点体会和想法。

　　学习线性代数的学生大多都已经学过了高等数学，对高等数学中的知识相对比较熟悉。借助熟悉的知识学习陌生、抽象的知识就会相对容易些。下面我们通过实例来说明，我们是如何借助高等数学的知识来学习线性代数的。

一、实例一：向量及其线性相关性

　　向量及其线性相关性是线性代数中的一个难点，我们在讲解这部分时，先根据空间 $\mathbf{R}^2$ 和 $\mathbf{R}^3$ 中向量的运算特点，用图像解释向量的线性相关性，让学生先对向量的线性相关性有一个简单的认识。例如：对 $\mathbf{R}^2$ 中向量 $\boldsymbol{\alpha}=\begin{pmatrix}2\\1\end{pmatrix}$，$\boldsymbol{\beta}=\begin{pmatrix}4\\2\end{pmatrix}$，$\boldsymbol{\gamma}=\begin{pmatrix}3\\1\end{pmatrix}$ 显

然有 $\boldsymbol{\beta}-2\boldsymbol{\alpha}=\begin{pmatrix}4\\2\end{pmatrix}-2\begin{pmatrix}2\\1\end{pmatrix}=\mathbf{0}$，从图 1 看，$\boldsymbol{\alpha}$ 与 $\boldsymbol{\beta}$ 这两个向量落在过原点的同一条直线上（图 1(a)），但是向量 $\boldsymbol{\gamma}$ 与 $\boldsymbol{\beta}$ 没有这样的性质（图 1(b)）。从而得出结论：两个向量线性相关的充分必要条件是它们都在过原点的同一条直线上。进一步地，由 $-2\boldsymbol{\alpha}+\boldsymbol{\beta}+0\cdot\boldsymbol{\gamma}=\mathbf{0}$ 可知，这三个向量是线性相关的。

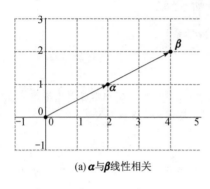
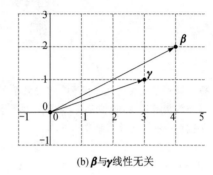

(a) $\boldsymbol{\alpha}$ 与 $\boldsymbol{\beta}$ 线性相关　　　　　　　(b) $\boldsymbol{\beta}$ 与 $\boldsymbol{\gamma}$ 线性无关

图 1

有了对向量的线性相关性的初步认知后，再将结论推广到空间 $\mathbf{R}^n$ 上及一般的向量空间上学生就容易接受了。

二、实例二：向量的内积和正交性

在高等数学中，已经讲过三维空间中向量的内积、长度、夹角和投影的概念。所以在线性代数的教学中，可以从三维空间中向量的内积、长度等这些概念入手，学生会很容易想到要推广到 n 维空间。在学生熟悉了 n 维空间向量的内积、长度等这些概念后，再将这些概念推广到一般的向量空间就容易了。在讲到施密特正交化时，只讲施密特正交化的方法，学生会觉得很枯燥、难懂、难记。借助于空间中向量的投影和三角形加法来讲解，学生会容易接受。

例如，将 $\mathbf{R}^2$ 中一组基 $\boldsymbol{\alpha}=\begin{pmatrix}2\\1\end{pmatrix}$，$\boldsymbol{\beta}=\begin{pmatrix}3\\4\end{pmatrix}$ 化为正交基。

令 $\boldsymbol{u}_1=\boldsymbol{\alpha}=\begin{pmatrix}2\\1\end{pmatrix}$，$\boldsymbol{u}_2=\boldsymbol{\beta}-\dfrac{(\boldsymbol{\beta},\ \boldsymbol{u}_1)}{(\boldsymbol{u}_1,\ \boldsymbol{u}_1)}\boldsymbol{u}_1$，由于

$$\boldsymbol{\gamma}=\frac{(\boldsymbol{\beta},\ \boldsymbol{u}_1)}{(\boldsymbol{u}_1,\ \boldsymbol{u}_1)}\boldsymbol{u}_1=\frac{|\boldsymbol{\beta}|\,|\boldsymbol{u}_1|\,\cos(\boldsymbol{\beta},\overset{\wedge}{\ }\boldsymbol{u}_1)}{|\boldsymbol{u}_1|}\frac{\boldsymbol{u}_1}{|\boldsymbol{u}_1|}$$

$$=|\boldsymbol{\beta}|\,\cos(\boldsymbol{\beta},\overset{\wedge}{\ }\boldsymbol{u}_1)\frac{\boldsymbol{u}_1}{|\boldsymbol{u}_1|}=\mathrm{Pr}(j_{u_1}\boldsymbol{\beta})\mathbf{e}_{u_1}$$

是向量 $\boldsymbol{\beta}$ 在向量 $\boldsymbol{u}_1$ 上的投影向量,由向量加法的三角形法则可知,向量 $\boldsymbol{u}_2 = \boldsymbol{\beta} - \boldsymbol{\gamma}$ 与 $\boldsymbol{\beta}$ 垂直(图 2)。

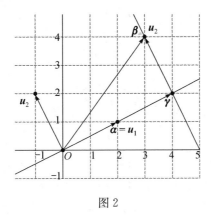

图 2

类似地,可以给出 $\mathbf{R}^3$ 中任意一个基的正交化。

三、实例三:二次型中用非退化线性替换化二次型为标准形

在二次型的教学中,学生经常会问,为什么要把二次型化为标准型。若笼统地回答是为了从标准形中容易地推断出一般的二次型诸如正定(半正定、负定、不定)性的性质,学生还是会觉得很抽象,不好理解。而在高等数学中,学生学习过二次曲面,了解二次曲面的标准方程。若从"通过空间直角坐标系的变换将二次曲面化为标准方程"这方面来讲解,学生有个二次型化为标准型的具体模型,就容易理解了。例如,在正交的变量替换

$$
\begin{pmatrix} x \\ y \\ z \end{pmatrix} = \begin{pmatrix} -\dfrac{2}{3} & \dfrac{1}{3} & \dfrac{2}{3} \\[2mm] \dfrac{1}{3} & -\dfrac{2}{3} & \dfrac{2}{3} \\[2mm] \dfrac{2}{3} & \dfrac{2}{3} & \dfrac{1}{3} \end{pmatrix} \begin{pmatrix} x_1 \\ y_1 \\ z_1 \end{pmatrix}
$$

下,二次型 $f(x, y, z) = x^2 + 2y^2 + 3z^2 - 4xy - 4yz$ 化为标准型 $g(x_1, y_1, z_1) = 2x_1^2 + 5y_1^2 - z_1^2$,可看成是将曲面 $x^2 + 2y^2 + 3z^2 - 4xy - 4yz = 1$ 通过正交变换,化为了标准方程 $2x_1^2 + 5y_1^2 - z_1^2 = 1$,即:$\dfrac{x_1^2}{\frac{1}{2}} + \dfrac{y_1^2}{\frac{1}{5}} - z_1^2 = 1$,

这是单叶双曲面的标准方程(图 3)。

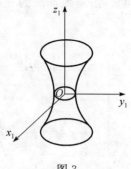

图 3

　　线性代数中还有许多内容可以这样来处理，这里就不一一例举。线性代数的教学和高等数学的内容挂钩的目的，就是为了将线性代数中抽象的概念具体化，陌生的概念熟悉化，通过深入浅出的教学，让学生易于理解和接受。在实际教学中，这么做也取得了比较好的教学效果。

参 考 文 献

［1］Steven J. Leon, Linear Algebra with Applications（6th Edition），2002，影印版'线性代数'，机械工业出版社，2004，ISBN 7-111-15216-6，pp545，机械工业出版社影印.

［2］同济大学数学教研室. 工程数学：线性代数［M］. 5 版. 北京：高等教育出版社，2007.

［3］李尚志. 线性代数教学改革漫谈［J］. 教育与现代化，2004(1)：30-33.

［4］杨骅飞. 在线性代数中加强素质教育［J］. 北京理工大学高等教育研究，2000(4)：31-34.

［5］刘利民. 线性代数教学实践的体会［J］. 沈阳农业大学学报（社会科学版），1999(3)：232-234.

留学生高等数学教学的零障碍进入

张　弢[①]

（同济大学数学系）

摘　要：越来越多的留学生来到中国，留学生的教学问题也摆在了我们的面前，选择适合的教学方法，以便让他们尽快地进入到中国的学习方式中去，成了目前的一个迫切的问题，本文就留学生的高等数学的教学，介绍个人了的一些经验和看法。

关键词：留学生　高等数学　教学

Abstract：more and more students come to study Chinese teaching, students are placed in front of us, choose suitable teaching Method, in order to make them as soon as possible into the Chinese way of learning, has become an urgent problem at present, this paper on the Higher mathematics student teaching, introduces some experience and personal opinions.

Keywords：students；higher mathematics；teaching

一、引言

随着中国经济文化的进一步发展，更多的人开始喜欢汉语，喜欢中国，渴望了解中国，因此有更多的外国留学生来到中国学习。由于地域、文化、教育等各种因素的差异，造就了留学生的生源综合素质的差异，因此如何能让外国留学生和中国学生一样，尽快地适应、习惯中国的大学生活，从而真正地在同一屋檐下进行学习，成了留学生教育的一个难题，我就目前教授的留学生的高等数学课为例，谈一点自身的体会。

高等数学是理工科专业的必修课，也是进入大学后绝大部分学生所要面临的第一门公共课。对于中国学生来说，这也是一个不小的难关，这是一门从中学学习

---

①　通讯作者：张弢，副教授，同济大学数学系，电子邮箱：abc7212@163.com

模式到大学学习方式的一个转换课程。需要从学习习惯、学习方法等各方面进行不断调整,不断适应。而随着社会的发展,现在留学生的人数越来越多,他们的口语越来越好,因为在大学的正式课程之前,都有预科学习经历,但是预科的教学多以汉语教学为主,不通过汉语水平测试,无法进入大学,所以留学生非常重视汉语的学习,汉语水平得到了很大提高,这是一个很好的趋势;但是有限的1～2年预科的学习时间,无法让他们的专业知识水平,比如他们的数学水平达到学习中国高等数学所应具有的程度,这就让大学的高等数学教育存在着非常大的障碍。中国学生大都经过高考的遴选,数学基础比较扎实,初等数学知识可以运用自如。但目前的留学生的招生运作不可能让学校有更多的生源选择空间,无法做到和中国学生站到同一起跑线上,所以各个学校大多采取单独教学,如何在有限的教学时间内尽量缩短中外学生的数学差距,能够不同起点,相同终点,着实让人费了不少心思。

二、留学生高等数学教学的零障碍进入

(一) 汉语关

由于受过1～2年的汉语培训和汉语通关考核,他们的汉语口语都很好,几乎可以以假乱真,但是他们在书面阅读和听课方面存在着很大的障碍,我班上曾经有个优秀学生,他可以考到章节测验的满分,但是却无法正常阅读中国数学书。由于私人原因他缺了两节课,我说回去要自学补上,他很苦恼的说:书上的汉字太多了,无法看,最终去搜罗了一本俄文高数,才算了却心愿,这一幕给我的印象很深,优秀的学生尚且如此,那么普通学生汉语的障碍更不容小觑。而且几年下来发现,那些成绩不好或者上课不听课的学生,更多的是因为听不懂老师的中国话而跟不上进度才选择放弃。在现有的条件下,我们无法为他们量身出版一本留学生高等数学书,只能在课堂教学上创造适合留学生的教学方式。所以,在教学过程中应特别注重先汉语,再数学的顺序,做到先学数学"汉字",再学汉字"数学",尽量为中国高数的学习创造无障碍。

首先,要汉字零障碍,比如在教授"集合"这一部分内容,这是高等数学的序。对于中国学生来说,这是一个复习过程,最多作为一个引子,引出"区间"、引入"邻域",从而为后面真正的高数内容做准备,是"承前启后";但对于外国学生来说,这是认识中国数学的第一个关口,需要先扫清汉字障碍和心理障碍,所以要汉字、拼音、英文、含义四部分相结合,如可将 PPT 设计成如图 1 形式。

这样既可以唤醒他本国的数学记忆,能够把他们拥有的数学符号和汉字直观地联系起来,又同时完成对中国汉字和自身数学的衔接,为他们的汉语听力做些补

认一认

集合 (jí hé) (set)：$A = \{1, 2, 3\}$

元素 (yuán sù) (element)：$1, 2, 3$，叫做集合A的元素

属于 (shǔ yú) (belong to)：$2 \in A,$

不属于 (bù shǔ yú) (not belong to) $4 \notin A$。

图 1

充,更好地理解老师上课讲述的中文内容。

其次要做到节约汉字,规范句型,多用图形、表格等直观手段展示数学内容,做到内容直达;同时我们的终极目标应该是让这些留学生忘记自己的身份,真正地融入到中国中去,因此要逐步适应中国的文字,所以需要循序渐进地先从简约文字开始认识数学,然后再学会阅读中国数学(图 2)。

学一学

$$y = x^\alpha$$

常数

幂

自变量

形如$y = x^\alpha$的式子叫做幂函数。读作 y 等于 x 的 α 次幂

图 2

因为留学生不能永久地停留在过渡阶段,最终还是要面对中国式的教学,汉字的大量阅读在所难免,不仅是数学上,高年级的各种专业课程也回避不了与汉字的零距离基础,所以在讲授数学内容的同时,也要循序渐进地让学生应对中国数学的汉字关。和基础知识的教学一起来讲授大段的中国句式,难免让学生应接不暇,如果将二者分开,将大段的汉字描述作为阅读材料让学生增加汉语知识会给学生以喘息的机会(图 3)。

函数定义

设 D 是非空数集，对 D 中的每一个 x，按照对应法则 f，都有唯一一

个 y 和它对应，称对应法则 f 是 D 上的函数，记作 $y = f(x), x \in D$。

x 称为自变量，x 的取值范围称为函数的定义域；

与 x 相对应的 y 值称为函数值；

函数值的集合 $\{y = f(x) | x \in D\}$ 叫做函数的值域。

定义域和对应法则称为函数的两大要素(yào sù)。

图 3

（二）基础关

由于地域的不同，经济的发展基础不同，中学的教学模式不同，很难有外国留学生的数学水平达到我们从高考中拼杀过来的中国高中毕业生，而我们现有的教材体系是建立在中学完善的理论基础上的，退一步说在学习高等数学之前，要对五大类初等函数非常熟悉，熟练的计算能力和逻辑推理能力都是必不可缺少的，所以需要在学生和高数之间搭一座引桥，把已知和未知连通。

比如，在第一类重要极限这一节，对正弦函数的定义、图像和性质要非常的熟悉，所以要补上三角函数这一节课(图4、图5)：

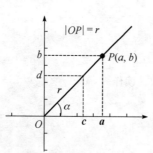

在角 α 的终边任取一点

$P(a, b) \neq O(0, 0)$，

P 点的横坐标是 a，

纵坐标是 b，

到原点的距离是 $r = \sqrt{a^2 + b^2} > 0$。

$\frac{b}{r}$ 称为角 α 的正弦（zhèng xián）

（sine），记为 $\sin \alpha$；

$\frac{a}{r}$ 称为角 α 的余弦（yú xián）（cosine），记为 $\cos \alpha$；

$\frac{b}{a}$ 称为角 α 的正切（zhèng qiē）（tangent），记为 $\tan \alpha$；

$\frac{a}{b}$ 称为角 α 的余切（yú qiē）（cotangent），记为 $\cot \alpha$。

图 4

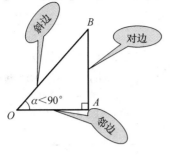

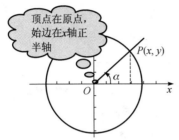

在直角三角形中，

锐角 α 所对的直角边

称为 α 的对边，

另一个直角边称为它的邻边。

图 5

我们希望能用最简洁的方式把需要的基础知识展示出来，能够让留学生觉得他们是在熟悉的知识中接受新的内容，做到数学基础无障碍。

（三）教学关

由于各国的经济文化不同，教育方式不同，留学生有着自己的学习方式，有着自己对"学习"的诠释，所以在教学方式上要适合留学生的特点，比如以"数列极限"这一节为例，看一看中国学生和留学生的教学对比（表1）。

表1

	中国学生	留学生
极限引入	文字和叙述引入： 公元3世纪我国的古代数学家刘徽利用被称之为割圆术的方法即圆内接正多边形的方法来推算圆的面积，其主要思想是……	图形引入： 正六边形的面积 A_1 正十二边形的面积 A_2 …… 正 $6 \times 2^{n-1}$ 形的面积 A_n A_1，A_2，A_3，…，A_n，…$\rightarrow S$

续表

	中国学生	留学生
极限定义	对于数列 $\{x_n\}$，如果当 n 无限增大时，x_n 无限接近于某个确定的常数 a，则称 a 为数列 $\{x_n\}$ 的极限，或称数列 $\{x_n\}$ 收敛于 a，记作 $\lim\limits_{n\to\infty}x_n=a$ 或 $x_n\to a(n\to\infty)$	**定义 1** 数列的极限 $\lim\limits_{n\to\infty}x_n=a$，或 $x_n\to a(n\to\infty)$。a 称为数列 x_n 的极限。$x_n\to a(n\to\infty)$ 读作：当 n 趋于无穷大时，x_n 趋于 a。
极限例题	**例 1** 设数列 $x_n=\dfrac{1}{10^n}$，可以看出，如果要 $|x_n-0|=\dfrac{1}{10^n}<10^{-2}$，那么只要 $n>2$，即从第 3 项起，以后的各项均能满足该要求，如果要 $|x_n-0|=\dfrac{1}{10^n}<10^{-4}$，那么只要 $n>4$，即从第 5 项起，以后的各项也均能满足该要求。因此，如果要 $|x_n-0|=\dfrac{1}{10^n}<10^{-k}(k\in\mathbf{Z}^+)$，那么只要 $n>k$，即从第 $k+1$ 项起，以后的各项也均能满足该要求。所以，不论要 $x_n=\dfrac{1}{10^n}$ 与 0 有多么接近，只要 n 足够充分大，就可使其达到目的，于是就可得到 $\lim\limits_{n\to\infty}\dfrac{1}{10^n}=0$。	观察数列 $\left\{1+\dfrac{(-1)^{n-1}}{n}\right\}$ 当 $n\to\infty$ 时的变化趋势。 **例 1** $\lim\limits_{n\to\infty}\dfrac{n+(-1)^{n-1}}{n}=1$。

(四) 差异关

　　各个国家的教育背景不同，导致学生的基础相差很大，即便是同一国家的学生，他们的数学水平也是参差不齐，所以在课堂上怎么把这一群散体攒到一起，也需要动一番脑筋。

　　首先在众多的留学生中，朝鲜学生是一道亮丽的风景线，他们在出国之前，明显受过系统的高等数学教学和训练，和其他的非朝鲜籍学生相比，他们明显高出不止一个层次，对于他们来说，计算问题是很熟悉的问题，只是在抽象的理论方面的理解和中国学生存在一些差别，汉字不是障碍，数学也不是障碍，怎么样在原有数学的基础上让他们觉得在这门课上有所收获，有所提高，满足他们对知识的渴求是最关键的问题；韩国学生和哈萨克斯坦学生也是留学生中的主力团体，他们汉语普遍很好,这使课堂交流很融洽,也能随时知道他们的需求,但数学基础两级分化,所以在课堂教学上要采取不同等级的例题和练习题目分类练习,以满足不同层次的需要;对于有些汉语障碍的学生来说,头两周的衔接课显得尤为重要,汉字的读音和含义,直观的表格展示,让他们有机会亲自动手去画图,并且要人为地制造一些让他们成功的机会,让他们感觉到,他们还是能够有机会进入到这个课堂去的,如果能找到一个和他们一个国家或一个地区或同语言体系的,且数学水平明显高出一些的"同乡",千万不放过,一定要牢牢地把他们拴在一起,让他们共同学习提高,把课堂上的知识点实时地传输,既能让不会者第一时间感受到祖国的学习方式,激起学习的动力,减少学习的阻力,又能让会者得到巩固和再理解的机会,进一步消化和理解所学的知识,一举数得。同时也可以按地域把他们分成若干小组,实行组长负责制,实现知识的不断传递,不断再加工,使他们能够在自己的基础上获得不同的满足感。

由于留学生群体的特殊性,不可能和中国学生采取相同的教学方式,尤其在基础课阶段,循序渐进地把学生带入到中文环境中,因材施教,使他们尽快地融入到中国教学中,和中文零距离;让他们最终能和中国学生在同一间教室里,一起同等接受大学教育才是我们最终的目标,也是一直努力的方向。

参 考 文 献

[1] 郑向荣.当前扩大来华留学生教育规模的思考[J].教育探索,2010(8):83-85.

[2] 张慧君.国际化进程中来华留学生教育质量的提升[J].中国高等教育,2007(24):46-47.

[3] 王军.来华留学研究生教育现状分析[J].中国高教研究,2006(6):21-23.

[4] 阿拉坦仓,侯国林.以《常微分方程》课程为例浅谈教学也是一种学术[J].大学数学 2012,28(5):18-21.

线性代数教学中如何用问题来引导学生思考

张　莉[①]　周羚君[②]

（同济大学数学系）

摘　要：本文探讨了线性代数教学中，用问题引导学生思考的案例。我们认为用提问题来贯彻线性代数教学，是保证教学效果的重要手段。

关键词：线性代数　问题

Abstract：It is important to keep the audiences thinking in the mathematics course. In this article，we show some examples in our classes，to illustrate how to attract students in the course of linear algebra.

Keywords：linear algebra，question

在课堂上，尤其是数学课堂上，若只是老师讲、学生听，那将是非常枯燥且糟糕的。我们要调动学生的学习积极性，就必须不断地问问题，引导学生跟着教师的思路走，并使学生逐渐学会如何提问题、思考问题。在线性代数的课堂上，许多内容看似枯燥，但其实我们都可以通过问题和实例，让学生自己来思考总结，让学生多问几个为什么，让他们主动参与到教学中，这样自然而然地，学生的学习兴趣也就调动起来了。下面我们就通过一些例子来说明如何通过提问题来引导学生思考，并围绕问题来学习的。

一、行列式的引进

在很多线性代数的讲法中，行列式都是第一个被引入的概念，如果在教学中不做任何铺垫，直接引入行列式的定义与算法，绝大部分学生会认为这只是一个数字游戏，搞不清引进这一概念的目的，从而影响了继续学下去的兴趣。因此如何开好线性代数教学的头，在整个教学过程中是至关重要的。通常，我们在引入行列式之

---

①　张莉，同济大学数学系，021-65983240-2107，lizhang@tongji. edu. cn
②　周羚君，同济大学数学系，021-65983240-2115，zhoulj@tongji. edu. cn

前,首先写出如下方程组

$$\begin{cases} x + y = 8 \\ 2x - y = 2 \end{cases}$$

问学生有多少个解? 学生会很容易得出唯一解,以及解的具体形式。随后我们改写方程为

$$\begin{cases} x + y = 8 \\ 2x + 2y = 16 \end{cases}$$

并问同样的问题,学生也很容易看出其中只有一个"有效"的方程。我们进一步提问:对一般的文字系数二元一次方程组,如何判断方程是不是都是"有效"的方程呢? 一旦方程组有唯一解,解的表达式与系数有什么关系? 由此我们引出二阶方阵的行列式,通过行列式来判定方程是否有解,用行列式来表示二元一次方程组的解,在这种铺垫下,学生就会觉得二阶行列式的引进是很自然的。接下来,我们问学生前面的想法能否推广到三元一次方程组? 此时再给出三阶行列式的定义,并暗示二阶与三阶的联系——对角线法则,学生就不会感到十分突兀。而且通过这两个例子,学生可以意识到,定义行列式的目的是为了表示线性方程组的解,有了这个基础,之后的内容学生就明确了目标。

由三阶过渡到一般的 n 阶行列式的定义,有一定的难度,从对角线法则直接过渡到排列的奇偶性,学生不易接受。我们在教学中做过尝试,请学生根据三阶行列式的定义猜测四阶行列式的定义,第一个回答问题的学生的结论通常都是会缺项,而缺项的原因都是因为学生仅仅是简单地推广了对角线法则,漏掉了并非处于对角线位置的四个元素的乘积项。这时我们可以问学生,将未知数项的求和次序改变一下(比如正常的未知数项的求和顺序为 $a+b+c+d$,我现在改为 $b+a+d+c$),方程有没有变化? 这个答案是很明显的,于是当我们再告诉学生,行列式展开项应具有排列对称性这一特点时,学生就容易理解为什么行列式的完全展开式中,列指标应取遍 1 到 n 的全排列了。有了行列式完全展开的定义,又可以继续问学生,通过定义行列式好算么? 这个答案同样明显,并且我们还会引导学生思考,如果编程计算,能否考虑这种算法(我们的很多学生已经学过一些简单的计算机知识了)? 由此学生会意识到引进其他算法的必要性,从而为接下来的初等变换化简和按行列降阶展开的算法的学习做了很好的铺垫。

二、矩阵的基本运算

在讲到矩阵的基本运算的时候,规则和运算定律也比较多。这个时候,每讲一

种运算,教师都可以问学生:它和前面的运算之间有什么关系? 由此,学生在复习时就会有条理,不会遗漏运算定律了。由于矩阵的运算律与数的运算律有联系,也有不同,引导学生思考,哪些运算率是相同的,哪些是不同的,为什么不一样,就可以加深学生对矩阵运算法则的理解与记忆。其中,矩阵的乘法运算不满足交换律,很多教材中不会将它以定理的形式写出(因为这个结论是否定的),但它对学习的重要性是不言而喻的,而且正因为这一点,很多原来在数里面很显然的结论现在都不能用了,但学生由于乘法交换律的根深蒂固的影响,意识不到过去学过的结论哪些是依赖于乘法交换律的。在这一段的教学中,矩阵的平方差公式、二项式定理条件,就是一个很好的引导学生思考的问题。有了对这个问题的思考,学生就会意识到乘法交换律对运算的影响,降低今后犯错的几率。

三、线性方程组的求解

线性方程组的求解中,首先要让学生认识到,矩阵的高斯消元法本质就是线性方程组的加减消元法。对这个问题,我们常用的讲法就是引导学生想到,在解方程时,未知数是可以不写出来的,起本质作用的是它们的系数,而在不写未知数的前提下,要想不把它们对应的系数搞混,就需要在演算时,永远把不同未知数的系数写在固定的位置,这恰好就是矩阵,加减消元法对应的就是矩阵的初等行变换。进一步,我们又可以问学生,方程组化到什么形式就可以写出解了? 此时再引出行阶梯形和行最简形就很自然了,方程是否有解的判定定理也就水到渠成了。

在讲到方程组是否有解的判别时,无解的方程组经常在教学中被忽略,而工科学生在未来的专业学习及研究中,恰恰会经常遇到无解的过定方程组,因此即使在本科线性代数的课程中不讲最小二乘法,也很有必要对学生提一下过定方程组。我们在教学中,会问学生,无解的方程组在实际应用中是否有意义,是否意味着问题提错了。从实践来看,几乎所有的学生都会回答方程组无解在实际问题中是不会出现的。我们引导学生想到在中学阶段用伏特表安培表测算电阻阻值的物理实验,由此告诉学生,在实际问题中,为了减少原始数据带来的误差,我们通常都会选取远多于未知量个数的原始数据,通过求解过定方程组的近似解,找到未知量的近似值。这样,学生在将来学习最小二乘法的时候就不会感到突兀。

还有一种来自工科专业教师的观点,认为工科学生学习方程的基础解系用处不大,只有特征值问题会涉及基础解系。这种观点当然有问题,但是其产生原因也与我们传统教学在此处缺少与其他知识的联系有关。比如,在研究三元一次方程时,我们完全可以问学生,为什么三元一次方程在解析几何中可以表示平面? 在研究由多个方程构成的三元一次方程组时,我们又可以问学生,不同的解的情形,对应的几何模型是什么? 由于空间解析几何被压缩到高等数学的教学中,绝大部分学生很难把高等数学中的知识与线性代数联系在一起,因此在这种有交叉的知识点中,强调不同分支的联系,对学生融会贯通十分必要。而工科学生在专业中,会大量地用到空间解析几何,如果学生不会用线性代数,那就不可能处理好解析几何中的问题。即使对数学专业学生的教学,在这个地方的展开也很有必要。很多学生到了高年级甚至研究生阶段,对四维空间中两个处于一般位置的二维平面相交,仅仅交于一点感到很难理解,然而用线性代数的观点,这是非常显然的。四维空间中的二维平面对应了两个独立的线性方程组成的方程组(因为其基础解系有两个自由度),两个二维平面就对应了四个线性独立的线性方程组成的方程组,其解显然是唯一的。

四、方阵的相似对角化

方阵的相似对角化是教学中的难点,学生一方面很难理解为什么要研究这个问题,另一方面与这个问题相关的一系列结论也不容易理解和记忆。

在理论教学中,教师可以抛出一系列问题:例如什么叫相似对角化;相似于对角阵有什么意义;任给一个矩阵,能不能相似对角化;若不能,条件是什么;如何判定一个矩阵能否相似对角化,若能,如何对角化? 进一步还可以延伸到正交相似对角化,也类似地有一系列问题:什么叫正交相似对角化;哪些特殊方阵可以正交对角化;它与相似对角化之间有什么联系与区别;如何正交相似对角化;为什么要做正交对角化? 带着这一系列的问题,我们就可以把整个章节的内容贯穿起来,让学生带着问题思考,一边学习一边解答问题,在问题得到解决的同时,他们也理解了相应的知识点。

对于为什么要研究矩阵对角化这一点,由于学生的知识面所限,我们不易在一开始就把该问题讲清楚,在二次型化标准型一节,引导学生思考这一问题是个很好的时机。我们曾经在一次统一考试中出过这样一道题,问某一二次型是否存在最小值和最大值? 表面上看,当学生写出二次型的标准型后,这个结论应当是十分显然的,但由于这个问题在很多教师的课堂上没有提到过,结果这些班上的学生在这道题上得分率极低,这说明我们有必要在课堂上提示学生思考并回答这一问题。在时间充足的情况下,讲一讲二次曲线甚至曲面的分类,或将其作为学生的课后习题,也是可取的。事实上,我们将一个一般的二次型化成标准型,就是为了研究该二次型对应的分析性质和几何性质,线性代数在这里只是工具,假如学生在完成学习后,只记住了怎么使用工具,而不知道使用工具的目的,那么我们的教学就不能算成功。

综上所述，我们在教学中向学生不断提问题，从低层次来说，可以让学生同步思考，增加学生的学习兴趣，加深他们对知识的理解记忆；从高的层次看，是培养学生提出问题的习惯。众所周知，提问题是研究、创新的基础，只有提出好的问题，我们才可能有好的研究和创新，而只有从大学的基础课开始训练学生的这种能力，才有可能把更多学生的创新潜力激发出来，从而才有可能获得更多更好的创新成果。

参 考 文 献

同济大学数学系.线性代数[M].5版.北京:高等教育出版社,2007.

同济大学"文科高等数学"教学改革的探讨与实践

兰　辉①

（同济大学数学系）

摘　要：本文结合我校大学文科高等数学的教学改革和实践项目，分析了文科数学教学的难点和可以改进的方法和手段，并结合实际问题提出深层次的思考。

关键词：文科高等数学　数学文化　教学方法　隐性教育

Abstract：The paper combining with the teaching reform and practice project about higher mathematics in Tongji University liberal arts majors，analyzes the difficulties of the liberal arts mathematics teaching and the methods and means that can improve. We also put forward the deep thinking according to the actual situation.

Keywords：higher mathematics in liberal arts，mathematics culture，teaching method，recessive education

对于理工科专业的学生来说，高等数学是工具，也是思想。教师可以在教学中结合数学经典理论与专业应用案例培养学生的创造性思维能力、抽象概括能力、逻辑推理能力、自学能力以及分析问题和解决问题的能力，使学生进一步体会到大学数学在专业能力拓展中的基础核心价值，从而提升学生的学习积极性，完善教学成果。与之相对应，文科高等数学的教学却呈现低效、难教的状态。学生反映数学内容抽象，与未来的职业规划脱节，无法认同学习高等数学的必要性及重要性，而教师拘泥于太过数学专业化的教材，很难设计与文科专业相关的应用实例，从而调动学生的主观能动性。

为了解决这一矛盾，2011 年同济大学数学系启动"'文科高等数学'教学方法的改革与实践"项目，以我校外语系德语专业一年级学生作为试点班，开展教学内容、教学方法、成绩评定等系列改革，取得了一定的成效，结合一些具体问题也引发了深层次的思考。

---

①　通讯作者：兰辉，讲师，同济大学数学系，邮箱：huilanqq@tongji.edu.cn

一、把数学理论与数学文化有机地结合在文科数学教学内容中

1. 文科数学教材应弱化概念、理论的"形式严谨性"，而注重"本质应用性"

教学是教师"教"与学生"学"的统一，统一的本质是要交往、互动。因此，了解学生的专业特点才有可能设计好的教学计划。德语班的学生主要来自高中文科生，但身处教育部重点工科院校，他们中近一半的同学未来会在其他专业技术领域从事翻译工作，如汽车、交通、金融等，难免需要用到数学理论。为此学生对于高等数学是不排斥的，但缺乏适当的教材影响了学生的积极投入。

以往我们使用过的文科教材有以下类型：

（1）传统高等数学，内容由工科同类教材删减理论证明修改得来，保留原有结构及论述风格。发现的问题是缺少合理解释，知识点串不起来，学生只好死记硬背。

（2）数学科普类读物，主要介绍现代数学分支。发现的问题是学生不知道这些分支有什么用，与专业无关。

（3）数学史读物。发现的问题是中学数学已经介绍过一些相关内容了。

汲取上述教材类型的优点，改善其不适应培养文科交叉型人才的症状，2011年起课题组开始编写新的文科微积分教材，力求达到：

（1）知识点可以通过数学史或经典问题背后的数学思想作科普性引入，使学生了解它"来自哪里""为什么产生"？

（2）用论述性语言阐述数学理论，避免过多的数学公式，不强调数学计算的技巧，但要探讨数学思想的本质。

（3）要介绍数学理论与实际生活的联系，或与其他数学理论的联系。

【案例分析】

在微积分学中，微分是其重要组成部分。但在教学实践中，我们发现学生往往只记得导数计算微分的公式 $dy = f'(x)dx$，而忽略其"局部线性化"的本质，而这一点恰恰是微分产生的根源和其广泛应用的原因。如何让学生形象生动地把抽象的"dy"与几何化的"局部线性"联系起来呢？

我们从一句古语说起："君子慎始，差若毫厘，谬以千里。"取自四书五经之《礼记·经解》，意为慎始应作为万事之端，因为开始时虽然相差很微小，结果却会造成很大的谬误。

对于函数 $y = f(x)$，我们希望 $\Delta x = x - x_0$ 与 $\Delta y = f(x) - f(x_0)$ 的关系是"差之毫厘，谬矣毫厘"，以便由 Δx 能够简单估计 Δy。

问题 1：由 Δx 怎样计算 Δy 最简单？

线性关系最简单！即 $\Delta y = A\Delta x$。但满足这一关系的函数只有一个，$y = Ax + b$。做适当的修改，若 $\Delta y = A\Delta x + o(\Delta x)$，当 $|\Delta x|$ 很小时，高阶无穷小 $o(\Delta x)$ 可以忽略不计，则 $\Delta y \approx A\Delta x$。同样可以起到用线性关系由 Δx 估计 Δy 的目的。

我们把满足这一条件的函数称之为可微，把计算 Δy 的主要部分 $A\Delta x$ 记作微分。这样既强调了微分作为线性化的本质，又严谨地引出微分的数学定义。

定义　设函数 $y = f(x)$ 在点 x_0 附近有定义，如果 $y = f(x)$ 在点 x_0 的增量 $\Delta y = f(x_0 + \Delta x) - f(x_0)$ 可表示为 $\Delta y = A\Delta x + o(\Delta x)$，这里 A 是与 Δx 无关的常数，$o(\Delta x)$ 是 Δx 的高阶无穷小，则称 $f(x)$ 在点 x_0 处可微，称 Δx 的线性函数 $A\Delta x$ 为函数 $y = f(x)$ 在 x_0 的微分，记为 dy 或 df，即

$$dy = A dx \quad 或 \quad df = A dx$$

问题 2：为什么人们喜欢把导数和微分放在一起说？

通过计算，我们发现 $dy = A dx$ 中的 A 恰为 $f'(x_0)$，即 $dy = f'(x)dx$，并且可导的函数一定是可微的。

导数的几何意义是曲线的切线斜率，由此我们可以从图像中直观地看出可微意味着当 $|\Delta x|$ 很小时在点 M 附近，曲线段 MN 可由直线段 MP 近似代替（图1）。同样学生可以从图像中看出 $y = |x|$ 在 $x = 0$ 不可微，因为在该点附近，无论取多么小的范围，我们都不可能用一条直线近似替代原有的折线（图2）。

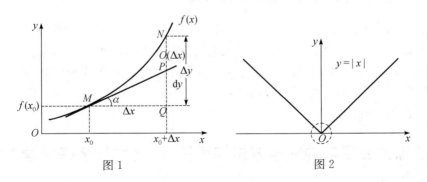

图1　　　　　　　　　　　　　　　图2

问题 3：为什么光线在光滑圆弧上反射，也像在直线上的反射一样的呢（入射线和反射线与法线的夹角相等）（图3）？

因为光滑弧线（即可微曲线）在反射点处可近似视为直线。进一步从生活实践强调微分的"局部线性化"特点。

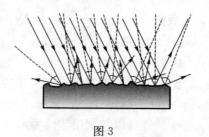

图3

2. 巧妙使用数学史，使历史背景与理论知识无缝对接

数学史不仅是文科数学的重要组成部分，而且是帮助文科学生理解理论的一把钥匙。在新教材中我们采用"化整为零"的原则，把数学史资料散落在知识点的各个角落，使得学生在阅读教材时有意无意地吸收历史长河中积淀下来的数学文化，感受数学方法的变迁以及数学的价值。

在知识点的引入部分，我们尽可能使用相关科学家的文献中的原始论述，使学生了解问题产生的背景，数学巨匠研究的初衷，甚至感受他们当时的困扰，继而产生共鸣。在阐述理论的正文中我们还会插入"广角镜"，介绍数学理论与实际生活的联系，或与其他数学理论的联系，延伸知识点的内涵。在每一章的结尾我们会补充总结性、概述性的数学史话，介绍数学家的贡献，微积分的发展历程以及数学家的创新精神。

3. 开设宣传"数学文化"选修课及讲座

为了进一步加深文科学生的数学素养，开阔学生思路，提升学生在未来职场对快速变化社会的适应能力，我们在校内邀请资深博士、硕士生导师开设数学文化的选修课，并在小学期安排优秀青年教师介绍现代数学发展的系列讲座，如《肥皂膜中的数学——极小曲面一瞥》、《混沌》、《Fermart 大定理的前世今生》等，获得各专业学生的一致好评。

二、综合应用各种教学方法和手段，提高文科高等数学的教学效果

教学方法和手段是为教学目的服务的，它包括教师为传播知识所采用的教法以及学生为吸收知识使用的学法。信息化的大时代要求"教与学"的手段都必须灵活生动，形式多样，才能将面临多重诱惑的学生牢牢吸引在教学实践中。

1. 多媒体教学课件

多媒体作为动态教学手段,与传统"黑板加粉笔"的教学手段相比,可以综合应用文字、图片、动画、视频的功能,直观生动地展示教学内容,使学生更容易接受和领会。但在课堂上我们并没有完全摒弃黑板,而是将 PPT 与板书合理布置,便于教师细致讲解,学生深入思考。

2. 网上视频

为了学生课后能够弥补课堂上的疏漏,并进一步巩固知识点的掌握,我们将部分教学内容拍摄录像,并面向学生开通了网上视频。

3. 数学网站

我们在数学系开设的高等数学网站中设有数学史、数学家小传等内容,方便学生在课余查阅。

4. 主动学习

一直采取传统课堂的教学模式,会使学生过分依赖教师,陷入"被动、麻木、懒于思考"的状态,从而使教学效果大打折扣。因此,适当引导学生主动学习是必要的。在文科数学一学期的教学计划中,我们会安排一到两次的学生"自讲"课程,学生以小组为单位(每组 5 人,约 7 组),要求采用多媒体教学手段,内容丰富,逻辑严谨,吐字清晰,台风自然。小组成员分工负责,其他小组打分。为提高学生的积极性和紧张感,我们还邀请资深教师旁听并提出问题。

三、合理化的成绩评定,提高学生的学习热情

1. 戒除"一考定终身",采取多元化的评估体制

考虑文科学生的学习特点,我们在教学过程中要求学生提交三个小论文作业,作为平时成绩的一部分。有些看似与高等数学无关,如介绍喜欢的科普读物,欧洲的骑士文明等,但实际却在学生收集资料的同时让他们体会到"生活中数学无处不在"以及"微积分创立时代数学家那种大无畏的勇敢创新精神"。

此外,每学期我们还有一到两次的"自讲"课程,两次阶段测验和期末考试,多层次的考核标准充分反映学生的态度和能力。

2. 设计有趣并适合专业特点的试题

文科学生喜欢直观，善于用图或文字阐述、解释问题，不善于抽象公式和繁琐的计算，因此教师在书面考试中也应避免过分数学化的试题，尽量考察数学概念的本质。如人们通常不会选择图 4 中的曲线作为滑冰轨道，为什么？从而引导学生对连续点、间断点、不可导点、拐点的思考。

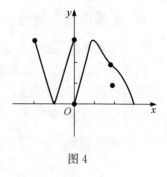

图 4

四、关于文科数学教学的一些思考

即使采用了多种方法和手段来提高文科学生的学习热情，但由于数学与他们专业的关系间接，我们发现文科学生学习数学依然带有畏难情绪。有意识、有目的、强调结果的显性教学形式可能会对学生造成心理压力，渗透在教学过程休闲逸致间，潜移默化、润物无声的隐性教学方式也许会产生出乎意料的教学效果。隐性教育是指隐藏教学目的，将教学因素渗透到教育对象的日常接触的环境中，引导教育对象经由非认知心理获得教育性经验的一种教育方式。它的好处在于教育对象可以自然、无意识的汲取知识，但要求教师能够站在学生体验和心理感受的角度，考虑学生作为学习主体的自我需要，从而对于师生间的了解和互动提出了更高的要求。此外，教师了解学生的专业特点，未来职业规划也可以更好地帮助教师有意识地设计适于隐性教学的内容，达到更好地教学成果。

参 考 文 献

贾克水.隐性教育概念界定及本质特征[J].教育研究,2000(8).

浅谈"大学解析几何"课程的教学思想和教学改革

王 鹏[①] 贺 群[②]

（同济大学数学系）

摘 要：几何学可以说是人类逻辑思维的完美展示，在教学中这一点应该得以充分体现。本文介绍了几何学对于数学专业学生提高数学素养和能力的重要意义，并以课堂教学为例，提出了一些教学改革的建议和方法。首先，在解析几何教学中，应该以几何的能力训练为主，锻炼学生对于几何的直观把握。其次，应该引导学生从一个更高的观点下来审视解析几何的内容。最后，在这种观点下，向同学们介绍一些基本的球面几何和双曲几何的知识，使他们在未来数学研究中遇到抽象对象时有具体的几何直观来增进理解。

关键词：几何学 几何直观 曲面的几何 球面几何和双曲几何

Abstract：Geometry can be looked as a perfect illustration of logical thinking, which should be fully reflected in the teaching. This paper introduces the significance of geometry for mathematical students to improve their mathematical ability. Moreover, we provide some suggestions for teaching reform in terms of some concrete examples in the teaching. Firstly, in the teaching of analytic geometry, one should train the geometric ability of students by geometric intuition. Secondly, we should guide students to treat the contents of analytic geometry from a higher point of view. Finally, we introduce some basic knowledge about spherical geometry and hyperbolic geometry, so that they will have concrete geometric pictures in their mind when they meet new abstract geometric object in the further mathematical studying.

Keywords：Geometry；Geometric intuition；The geometry of surfaces；spherical geometry and hyperbolic geometry

一、引言——兼谈几何学在大学数学教学中的作用和地位

几何学的历史源远流长，欧几里得的《几何原本》早已超越了数学的范畴，其建

---

① 通讯作者：王鹏，副教授，同济大学数学系，电子邮箱：netwangpeng@tongji. edu. cn

② 贺群，教授，同济大学数学系，电子邮箱：hequn@tongji. edu. cn

立在逻辑基础的宏伟体系，某种意义上，构筑了西方文明最为重要的根基——理性和逻辑。柏拉图的学院门口的名言——"不懂几何学者勿入"——既是几何学在古代哲人心中的地位的体现，也是几何学在西方文明地位的体现。

徐光启翻译的《几何原本》，开启了中国人学习西方几何学的大门，也体现了古代中国对于几何学的重视。几何学的英文原文，"Geometry"，按照字面翻译，大致是大地测量的意思，这正反应了这一学科的特点。徐光启将之译为几何，形神兼顾。

中国现代教学体系的创立中，几何学由于其内容的基础性以及其对于人类理性和逻辑培养的重要作用，一直是中小学课程中的重要部分。而在中国的大学教学中，由于现代数学的迅猛发展，相形之下，古典的几何学显得越来越初等，在大学数学教学中的地位也一落千丈。特别是在教学改革中，基础课课时受到压缩，有一段时间内，国内很多高等院校将其与高等代数合并，新的课程称为《高等代数与解析几何》，几何学的内容，受到大幅度压缩。特别是由于这类课程多由研究代数的教师来讲述，因此其内容多数情况下过于偏向代数，几何的味道比较淡，削弱了对学生的几何直观想象力和综合应用能力的培养。

对于这一现象，中科院姜伯驹院士、李大潜院士，以及旅美著名数学家项武义教授都多有探讨。为此，项武义还写了《基础几何学》[1]一书来加强国内几何学的教学，强调几何学的重要[1]。而在我国的国家数学教学改革项目中，姜伯驹院士等人写到[2]：

"几何学教学的薄弱是一个显著的、普遍的问题。从古至今，几何学在整个数学发展的多个关键时期起着主导作用。他的直观性、实验性的特点启示了许多新思想、新方法，孕育了许多数学的新分支。几乎每一个数学分支都有几何的侧面……"

几千年的历史早已告诉我们，几何学对于人类理性思考的培养，起到了极为重要的作用。对于大学数学专业的学生而言，这方面的训练，对其数学修养的提高尤为重要。俄罗斯数学在世界数学界的地位举足轻重，Arnold 将几何直观用在微分方程的研究中，其深邃的思想对于微分方程的研究有着深远的影响。这既是数学统一性的体现，也是几何学重要性的体现。几何学尽管其内容初等，直观，但正是这一特性，它为其他重要学科提供了基本的直观的工具，使得人们在研究中可以透过复杂的问题，抓住问题的本质。Gromov 对于初等三角不等式在几何分析（度量几何）中的运用，也已经成为了现代数学的一段佳话。

正是考虑到几何学这种重要的影响力，李大潜院士对此评论到[3]：

"现在大学数学教学中的一个明显的带结构性的缺失是几何方面训练的严重削弱，导致学生几何知识短缺，几何观念薄弱，几何思想贫乏，这是现在数学教学改革中应该引起严重注意的问题,而问题的发生可能在一开始将几何与代数结合起来进行教学时就已露出端倪……。"

基于这方面的认识,在中国数学的两个重镇,北京大学数学科学学院以及复旦大学数学科学学院,几何学一直是其本科生的重要基础课程,并且贯彻在每一次的教学改革中。近年的教学改革,某种意义上,这一点又得到强化。在北京大学数学科学学院和复旦数学科学学院,每年都针对一、二年级的数学系本科生,在教授指导下,开设关于几何学的本科生低年级讨论班。比如两个学校 2013 年的讨论班,其主题都是关于双曲几何,课本是 Stillwell 的《曲面几何学》[6]。2014 年,北京大学数学科学学院的本科生低年级讨论班研究主题是黎曼面,由著名数学家阮勇斌教授指导。

事实上,曲面的几何学是目前最为数学家掌握的数学研究对象,并且也是人们用来研究其他问题最为基本的重要工具之一,学生这方面的能力,某种意义上,决定了他们未来数学研究的高度。即使对于未来不从事数学工作的学生而言,这一内容的学习,也提高了他们的数学素养,锻炼了他们的心智。

二、解析几何的教学改革——加强学生几何素养的一些尝试

在近年的解析几何教学中,我们尝试做出一些改变。由于课时较少(每周 2 课时),又希望更加强调几何直观,因此我们选择了吴光磊、田畴的《解析几何简明教程》[4]作为教材。《解析几何简明教程》的特点不仅体现在简明上,更加强调几何的直观,以及从几何角度去思考、解决问题。在教学内容上,我们精简了向量代数中有关线性运算等中学已经有所接触的内容,扩展了关于二次曲面、投影柱面、坐标变换的应用方面,加强关于向量式方程的建立和运用,补充向量函数、直纹面、仿射变换、变换群以及和高等代数、数学分析相结合的应用性内容也更加强调几何本身的思考,通过几何的思想来解决具体的问题。而在解决问题的过程中,向量代数、矩阵运算、行列式自然引入,其几何背景则得以充分地强调。

具体而言,在教学中我们做出如下改动:

(1) 强调平移不变性等具体的几何概念的充分应用,帮助学生培养良好的几何直观。

(2) 在向量代数的讲述中,重点强调其几何的意义,用几何的方式来严格定义向量加法、数乘、投影、内积、外积等各种代数的运算,再通过建立坐标系证明在坐标表示下这些运算的代数形式。在这样的讲授过程中,几何直观的严格化、几何问题的代数化,都得以具体地展现出来。这一过程学生普遍反映比较难以理解和接受,但这对于他们几何概念和直观的培养,以及思维的训练,效果都很好。

(3) 在教学内容中,我们添加了关于球面几何学的一节内容。首先给出球面

三角形的概念,球面上的"直线"(测地线)自然出现在这里。然后,利用几何分割的方式,给出了球面三角形的内角和公式。作为推论,我们指出,这事实上给出了球面三角形内角之和大于 180°的一个证明。在这一过程中,尽量引导学生用几何的思想去考虑问题。同时也告诉同学们,这正好是非欧几何中一类重要的例子,即任意两个平行线都相交的情形。此外,三角形内角之和与 180°的大小关系,本质上反映的是空间的弯曲。而现实生活的空间是否弯曲,这需要实验来验证。这就是人们尝试在太空中测量充分大的三角形的内角和的意义。这样讲述,同学们对此就有了生动的认识,同时在将来学习微分几何等其他几何课程时也会更为熟悉和容易接受。

（4）正交变换部分,由于[5]中证明过于简略,而[4]中的处理过于代数化,我们将[5]中证明加以扩展,用初等方法严格给出刚体运动的分类。这一证明稍显繁琐,但反映了几何学的基本思想,即变换群、对称性等概念。尽管利用线性代数,这是一个简单的推论。但几何证明中的分析、解决问题的思路都无法体现,这并不利于学生独立思考能力以及几何直观的培养。而几何直观和数学严格性的结合,正是解析几何课程要展示给学生的核心。

（5）通过几个经典的几何习题,我们向同学们展示前面介绍的几何思想的应用。一个是[5]中 56 页的习题 41,关于一个向量绕另外一个向量的旋转公式;一个是 96 页的习题 8、习题 9 以及它们的逆命题,即空间的任何一个等距运动都可以分解为至多五个反射的乘积。这些典型的具体几何问题及其解答,体现了几何思想的运用,因此我们将它们作为习题课的重点内容,加以介绍。

在教学中,我们发现,有一半左右学生反映比较吃力。这说明了他们在几何直观上的训练的缺失,表明姜伯驹院士[2]和李大潜院士[3]的担忧绝不是无的放矢,也体现了我们进行教学改革的必要性和困难性。

三、关于未来教学改革的一些建议

在教学过程中,我们发现同学们在几何方面的训练良莠不齐。有一部分学生这方面缺少锻炼,反映课程比较难,教学速度比较快,感觉比较有压力;而几何训练较好的同学则要轻松很多。这说明在几何学教学中强调几何的必要性。否则学生在这方面将会一直薄弱下去,这对于他们的数学素养的提高非常不利。因此,在未来的几何学教学中,对于几何直观的培养教育应该加强而不是减弱。

基于这样的认识,我们提出一些建议和改革的思路。

首先,在解析几何教学中,以几何的能力训练为主,代数的处理为辅培养学生对于几何直观的把握,提高其解决问题能力,引导他们去主动地思考问题、解决问题。

其次,引导学生从一个更高的观点来审视解析几何的内容,即按照 Klein 的观点,从变换群下的不变量的角度来分类几何学,如欧氏几何、仿射几何、和射影几何的分类,以及欧氏几何、球面几何和双曲几何的分类。注意此时群的概念,包括李群等数学对象,都已经自然而然地出现在了同学们的学习中。这将会使他们以后的进一步课程学习不是过于突兀和抽象。

第三,在这种观点下,向同学们介绍一些基本的球面几何和双曲几何的知识,使他们了解这些基本的数学对象——流形,从而在未来数学学习中,如复变函数、拓扑学等课程,遇到这些抽象对象时有比较具体的几何直观。

第四,对于学有余力并且想更进一步的同学,通过讨论班的形式,引导他们学习更多关于球面和双曲空间的几何知识。

综合而言,我们希望通过对几何学课程的进一步改革尝试,能够体现出现代数学的统一性以及几何学在数学研究中的基础作用,同时也能够对数学专业学生的数学素养的训练有所帮助。而数学发展的事实也证明,几何素养对于数学家的学术研究的高度和深度有着深刻的影响。几何教学改革的目的和价值,也正在于此。

参 考 文 献

[1] 项武义. 基础几何学[M]. 北京:人民教育出版社,2004.

[2] 姜伯驹,等. 数学类专业教学内容与课程体系改革研究报告[M]. 北京:高等教育出版社,2003.

[3] 李大潜. 关于高校数学教学改革的一些宏观思考[J]. 中国大学教学,2010(1).

[4] 吴光磊,田畴. 解析几何简明教程[M]. 北京:高等教育出版社,2003.

[5] 丘维声. 解析几何[M]. 北京:北京大学出版社,1996.

[6] John Stilwell. Geometry of Surfaces[M]. 北京:Springer -世界图书出版公司,1992.

"数学建模"教学的实践与反思

陈雄达[①]

（同济大学数学系）

摘　要：本文主要介绍了同济大学在数学建模课程教学中的一些做法，并根据同济大学近年来实施的效果，提出了作者的一些看法和思考。这些做法部分是目前国内数学建模课程的共同做法，另一部分则是同济大学在数学建模中教学改革中的尝试。

关键词：数学建模　教学法

Abstract：This paper mainly introduces our teaching experiences in mathematical modeling. Also we propose some of our viewpoints and suggestions based on the results of our practice. Some experiences are common to usual mathematical modeling experiences，while the rest are our new pedagogical experiences in mathematical modeling.

Keywords：mathematical modeling，pedagogy

一、引言

　　"数学建模"课程的开设在中国已有 20 多年的历史，这 20 多年来，数学建模在国内经历了起步、推广到现在提升的过程。同济大学的数学建模课程也经历了从无到有，从单一的数学建模必修课程，到现在的多层次的数学建模课程体系，包含数学建模的必修和选修课程，及"数学软件"、"数学实验"等实践类课程。在多层次、覆盖各大工科专业学生的"数学建模"课程教学中，同济大学在最近的几年中进行了各种不同的尝试，取得了数学建模教师的共识，并受到了学生的欢迎。"数学建模"注重数学方法和原理与实际问题的结合，在解决实际问题的过程中理解和实践数学的方法，这和同济大学培养卓越创新人才的目的是非常吻合的。结合全国大学生数学建模竞赛和美国数学建模竞赛，"数学建模"课程已经形成了较为固定

---

① 通讯作者：陈雄达，副教授，同济大学数学系，电子邮箱：cxd@tongji.edu.cn

的教师团队,相对稳定的教学内容和教学方法,教学手段也比较成熟,但同时我们也还在小范围尝试各种教学模式。

二、同济大学数学建模课程教学的实践

近 20 年来,我们在同济大学做了一系列数学实践类课程和数学建模课程教学的改革和实践,也取得了一些成果。目前,同济大学为数学系和数理强化班学生开设有 3 学分的数学建模课程,面向全校学生开设有 2 学分数学建模通识课程,该课程也是上海市教委重点课程;在实践学期内为数学系学生开设了 6 学分数学建模实践课程。同时在同济大学全校范围内开设有数学实验、数学软件、MATLAB 与科学工程计算、统计计算等通识课程,形成了阶梯式的教学层次。同济大学数学系组织了数学建模教师团队,包含了 2 名教授、十几名副教授和年轻的博士,教学队伍年轻化,学历高,结构稳定。在最近的两年中,我们指导学生获得了美国建模竞赛两次特等奖的入围奖,并于 2014 年出版了《数学建模讲义》。

我们的数学建模课程采用开放式的项目教学法。以一些建模常用的数学方法为分类方法,精选和组织各种实际问题,每一个教学单元讲授一个实际问题及其解决的方法和包含的数学原理,通过不同实际问题的综合展示,向学生传授数学建模的基本原理,即如何理解数学方法和使用数学工具。课堂教学内容是多样的,包含数学建模的基本概念,各种常用的方法及其相应的经典问题,也包含个别数学建模竞赛题;另有 2 个课时讲授科技论文的写作和点评优秀论文。为适应不同的教学内容,教学组织方式也具有多样性,70% 的理论讲授方式,另外 30% 包含一定量的实验课和讲座、学生演讲、讨论课和答辩及点评。考核方式为平时项目作业和开卷考试。平时项目作业为组队完成类似竞赛题难度的三到四篇小论文,每个队包含不多于三名同学。考卷考试为每个同学独立完成,学生允许使用任何参考资料,包括事先准备好的教材、参考书、打印出的数学建模材料,部分题目可能涉及编程作答。

在最近的一年中,我校数学建模的通识课程申请了上海市重点课程,并在校内扩大到了三个班级。数学建模通识课程的组织方式由原来的一个老师担任变成现在的一个由三名教师组成的教学小组。数学建模课程涉及多个数学分支和多种数学工具,作为一门实践类型的课程,数学建模课要求教师指导学生使用数学工具解决各类实际问题。可以看出,具有丰富实践经验的教师可以对相应领域的数学工具的基本方法、原理及其对解决各类问题的适用程度做出透彻的讲述,在学生实践中也能做出针对性较强的指导。在数学建模竞赛中,我们都会指导学生按照三名学生具有不同的专业,或者具有不同的强项,如写作、建模及分析、编程等来进行组队。在组织教学小组完成数学建模课程的教学时,我们搭配不同数学分支或者不

同领域实践经验的教师组队，就可以引领学生学习各位老师的长处，让自己在各方面都有较明显的进步。

同济大学数学系还根据本校有一个为期三到四周的实践学期的安排，对数学系的学生安排数学建模实践活动，由一些软件实践能力较强的年轻教师辅导，加强他们的实践动手能力。具体安排为：一年级电算实习，内容为 MATLAB 编程；二年级为常用数学软件使用和数学建模集训；三年级形式多样，包含数学建模讲座，数学各专业分支研究前沿的讲座，等等。在较短的实践时间内，集中进行软件方面的培训，尤其是对一、二年级学生起到了很好的强化效果。

三、实践中的问题与思考

在尝试各种形式的教学实践中，我们遇到了一些问题。有些问题我们已经解决，有些可能值得我们的同行展开交流，还有的问题有一定的普遍性，不只与数学建模或数学实践类课程相关。

(一) 综合实践能力应当如何培养?

数学建模课程强调学生理解数学、应用数学的能力，数学建模问题的最终解决通常以一篇数学建模论文来体现。在这个过程中，学生需要掌握的基本能力包括：查找资料的能力、代入自己的生活经验分析实际问题的能力、建立模型的能力、应用软件求解问题的能力、书写论文的能力、团队协作的能力。这其中相当多的能力我们的学生在数学建模课之前的训练都是很少的。在数学建模有限的课时内明显提高诸多方面的能力是不切实际的，即便强调所谓的"讲一学二练三"，效果也是有限的，这当中缺乏教师的指导。

目前，国内都在推行将数学建模思想融入到数学基础课程的做法。这一做法应该能从根本上解决培养学生树立数学建模思想的问题，但在实践中要求讲授高等数学、线性代数等大面积课程的教师本身具有这方面的实践能力。同济大学还尝试在数学软件、数学实验类课程中讲授数学建模的思想，在实践学期内大力加强学生的实践能力，在一定程度上缓解了这个矛盾。

(二) 数学建模课程:我们讲些什么?

作为数学建模课程，主旨是讲授数学建模的思想，如何理解数学方法，如何运用这些方法解决实际问题。怎样理解实际问题，并为它找到或者构建一个合适的数学方法是数学建模的精髓。然而，国内的数学建模竞赛蒸蒸日上，各种赛事目不暇接，大部分学生甚至部分教师都会有这样的想法：掌握各种数学方法、各种算法，才能解决数学建模竞赛中的问题。在竞赛中,我们见到不少这样的现象:参赛学生认为自己掌握了一些广泛适用的方法,不对实际问题加以分析,什么问题都使用同样的方法;又或者每一类方法只会了一个基本的做法,不善于对实际问题进行分析,例如只要是微分方程的问题,那都是阻滞增长模型,等等。

数学建模课程在讲授数学建模的基本思想的同时,还讲授了很多学生未曾接触到的数学问题形式及其方法,太过于强调数学的某分支学科的特点,在无意中却淡化和割裂了这些方法与它们应用背景之间的联系。在极短的时间内介绍一个数学分支,并要求学生掌握甚至区分其中若干种基本方法,这样做对学生来讲短期效果是不错的,长期的效果是我们剥夺了学生对这些方法鉴别、对比的机会,学生无法完整地理解如何为一个实际问题寻找合适的方法,抑制了他们的创造性思维。况且,现代数学分支繁多,由一个教师讲授数学建模课程,大体上教师只能把他的学生带到这一分支的最新前沿,其它分支效果就很难说了。值得借鉴的是,Giordano 的教材只讲授了某些数学分支的最基本方法,利用它们讲授数学建模思想,而把那些看起来高深的数学方法留给学生自己去揣摩。

同济大学的数学建模课程由三名教师组成教学小组,讲授一门"数学建模"课程。处理好教师之间的分工协作,我们的经验表明这种方式可以让学生对各个数学分支有较好的了解,并且也可以在教师团队的协作中学会数学建模竞赛小组如何分工协作。这种做法也缓解了数学建模教师的实践经验不足的问题:每个教师可以在自己熟悉的领域回答学生的疑问,也可以在自己的能力内点评学生做出的数学模型。当然,这只是解决了一部分问题,教师教学团队如何协作需要更多的实践来检验;如何才能让学生掌握各种方法,实践这些方法而又不把它们割裂开来,也是值得思考的问题。

参 考 文 献

[1] 姜启源,等.数学建模[M].3 版.北京:高等教育出版社,2003.
[2] 梁进,陈雄达,张华隆,等.数学建模讲义[M].上海:科学技术出版社,2014.

继续教育中提高概率统计教学效率的若干尝试

杨筱菡① 花 虹 蒋凤瑛

（同济大学数学系）

摘 要：本文基于在继续教育体系下，以学生为中心，因材施教，在教学内容上以实用为导向，在教学方式上以游戏为载体，在教学组织中设计主题式课堂教学等，提高教学课堂效率。

关键词：继续教育 面向学生 寓教于乐 主题式课堂 终身教育

Abstract：Based on the continuing education system, with students as the center, according to their aptitude, practical oriented on teaching content, the teaching way in the game as the carrier, in the organization of teaching design theme type such as classroom teaching, improve the efficiency of classroom teaching.

Keywords：Continue to education; For students; Fun; Theme class; Lifelong education

教育是终身性的，并贯穿于整个生活领域，而继续教育作为其中最重要部分之一，是整个终身教育系统的重要组成部分，发挥着举足轻重的作用，它成为了学习者终身学习的一座桥梁。随着社会经济的迅猛发展，高等教育很难再满足多样化的市场需求，在职业流动性的不断增强下，从业者需要不断提升在社会生产生活中的竞争力，提高自己的文化层次和内在品质，及时补充新知识、新理论以适应社会的发展。所以高等教育不再是教育和学习的终点，而成为教育新的起点；继续教育则是承接着高等教育的发展而继续推进终身教育的新发展。

继续教育与高等教育相比优点在于，选择灵活自主，更加贴近需要。故从这个角度来讲教育资源的继续教育不同于普通的全日制本科教学，其学生来源在年龄大小、历史学习背景等方面不尽相同；在学生的生源、投入学习的时间和精力方面

---

① 通讯作者：杨筱菡，讲师，同济大学数学系，电子邮箱：xiaohyang@tongji.edu.cn

都是无法比拟的,笔者根据十多年的教学经验认为,要上好继续教育的基础课程,难上加难。

为了让继续教育的课堂能真正发挥出其在整个终身教育过程中的传递作用,笔者以主讲的"概率论与数理统计"课程为例,围绕着以下几个方面,探讨提高教学效率的若干方法:

一、以学生为中心,差异化教学

在终身教育的背景下,继续教育应以培养学生的终身学习能力为主要目标,首先要确立以学生为中心的指导思想,尊重和发展学生的个性,倡导差异化的培养学生模式。

一门课程的开设,不管是从课程大纲、教学进度、教材选择还是任课教师的安排都投入了大量的心思。但是课程大纲设计得再合理,教材选择得再经典,任课教师讲得再投入,如果没有学生的配合、参与,改善教学效果、提高教学质量仍然是一句空话。所以说,要对不同的学生采用不同的教学大纲和教学手段。对于非全日制的继续教育学生来说,在工作之余坚持来投入再教育的过程中,过分强调学习的主动性是不现实的,这受到了多方面的影响,不管是从主观上还是客观上来看,继续教育学习的学生在课余投入学习的程度是不能保证的。而要真正学好一门课程,填鸭式的课堂教学是无法有效得完成教学任务的,所以,课堂教学的重点不应该是填鸭式的知识点的灌输,简单机械地传递知识;应该是启发式的指导,把学生领进门,侧重于建立学生对学习的信心,培养学生的自主性和独立性,学会自学,培养学生爱上学习、主动学生、终身学习。

二、以实用为导向,充分备课

相比于全日制教育的选课模式,继续教育一门课程的所有选课学生,专业遍布理工、经济类等,但各种专业对同一门课程侧重的知识点需求不同,任课教师在讲解过程中列举的案例也是广而泛之的,学生在学习过程中无法体会该课程对本专业后续课程学习的指导性;在学完以后也没有意识、没有思路去用,导致学生的兴趣和重视投入程度都不足,从而降低了学习的动力和效果。继续教育的授课优势在于授课对象群体的专业相对比较集中,由于继续教育课堂学生基本来自一个专业,在备课过程中,根据每个知识点可以有针对性地选择与该专业相关的一些案例,使得学生在学习案例的过程中能加深对知识点的理解,同时也突出了"概率统计"在其专业中的应用,重在通过实际的案例以及案例讲解等,帮助学生将概率统计的学习与本专业的应用相结合，更加深刻地掌握概率统计知识，学会在实际本专业中应用具体理论，培养概率统计进行实务操作的能力。

以金融学专业为例，我们将阐述概率统计的内容贯穿始终。

（1）贝叶斯公式：假设预先了解一只股票，在任给的一天将会涨价的概率定义为 θ，依据这只股票以前的数据，可以认为 θ 大致等于 0.4 或 0.6。因此，就可以预先给定一个概率 $P(\theta = 0.4) = 0.5$，$P(\theta = 0.6) = 0.5$。连续三天观察这只股票，它的股价在这三天都在增长。因此，在观察价格连续三天上涨之前 $\theta = 0.6$ 的概率为 0.5，而观察后通过贝叶斯公式计算可得 $\theta = 0.6$ 的概率为 0.774 1。因此，贝叶斯公式精确地告诉我们如何按照新的信息来更新我们的看法。

（2）正态分布：简单总收入 $(1+R)$ 服从对数正态分布 $(0, 0.1^2)$，即指 $\log(1+R)$ 服从 $N(0, 0.1^2)$，求一周期后的简单总收入小于 0.9 的概率，即求 $P(1+R < 0.9)$。

（3）分位数：破产风险度量。

（4）随机变量的联合分布：在资产组合中，投资者不仅对单个投资品种感兴趣，对资产组合的总收益和总风险更感兴趣。例如，一些价格几何市场指数的相互关系，如 Copula 模型。

（5）期望、方差：当只有两种风险资产时，假定两种风险资产的收益分别为 R_1 和 R_2，我们将资本的 ω 比例与 $1-\omega$ 比例分别投资于这两种风险资产，则收益 $R = \omega R_1 + (1-\omega)R_2$，组合的预期收益为 $E(R) = \omega \mu_1 + (1-\omega)\mu_2$。令 ρ_{12} 为两种风险资产收益间的相关系数，组合收益的方差为

$$\sigma_R^2 = \omega^2 \sigma_1^2 + (1-\omega)^2 \sigma_2^2 + 2\omega(1-\omega)\rho_{12}\sigma_1\sigma_2 。$$

（6）t-分布：该分布在正态分布的均值和方差的置信区间和参数的假设检验中被用到。此外，t-分布是一类厚尾分布，厚尾分布是很重要的金融模型，因为观测到的股票收益分布通常为厚尾分布。

（7）最大似然估计：Pareto 分布满足许多经济变量，有时被用于投资损失分布的模型，用最大似然方法估计 pareto 指数。

此外，继续教育没有考研为隐形的指挥棒，没有广而全的课程大纲在教学中应弱化理论推导，强调随机性的理念，将数学化的技巧难点在教学中做一些弱化，使学生知其然并大概知其所以然，避免在纯数学的推理细节上过多纠缠。例如，对概率的公理化定义、独立性的证明、数字特征性质的证明、大数定律、正态总体的抽样分布等，不做严格的证明，跳过次要但困难的推理步骤，介绍定理证明的思路和定理的用处。经实践证明，这样的教学方法，对继续教育过程中学好本课程是非常合适的。

三、以游戏为手段,寓教于乐

  课堂互动参与已经不是一个新的概念,在我校,已被纳入了学生、专家评教的一部分。从以往文献中亦可知,课堂互动参与能帮助任课教师及时了解学生听课的反应,适时调整上课节奏;能抓紧学生的注意力,提高听课的效率。但是从笔者多年的教学经历汇总发现,单纯的问答式互动,每次与教师呼应的基本上一直就是那么几个认真听讲、成绩不错的好学生,并不能起到让大多数学生参与的目的,故效果一般。而且课堂时间总是相对有限的,不能投入太多的时间邀请学生完成一定的练习量并做相应的点评。如何可以提高互动在整个课程中的比例,激发互动参与人数,甚至将互动外延至课外呢? 可以在互动方式和内容上做一些尝试。受媒体上各档娱乐节目的启发,以游戏为手段,将是一个非常成功的包装和传播知识的载体,在过去的几个学期中,笔者在课程教学过程中采用一些游戏方式,效果还是非常好的。

  游戏方式一:每次上课打铃前,将本次上课的学生以4~5人为单位进行分组,在课堂上,将以小组的形式来完成课堂问题。分组方式不是采用自由组合,因为这样避免不了组与组之间学生的差异性,而是采用抓阄的形式随机地进行分组,保证了每组学生水平的一致性,这样的分组方式本身就已经把概率统计中方差分析这个知识点充分地反映出来,通过这样的一个举措,不仅保证了公平性,还把课程内的知识点也融合进了实践中,一举两得。以小组的形式也可以加强学生间的互动,增加学生间的配合及情感。

  在备课过程中,针对每次教学过程预先设置2~3个课堂问答环节,每次问答环节准备不同难度的问题。在课堂上,首先每个小组可以用抢答的方式来抢夺答题权,然后提供不同难度的问题,每个小组派代表选择答题,题目的难易可以让小组自主选择,回答正确则配以相应高低分值的奖励,多答可以分值累加;回答错误则倒扣相应的分值。

  游戏方式二:在娱乐节目中,经常看到有场外观众给钟爱的选手投票。受此启发,我们也可以建立一个习题库及答题系统。在备课过程中,将与此次课堂教学相关的一些简单的概念类选择题从习题库中调入答题系统,由于网络的普及,课间由每位同学以学号登陆答题系统,完成选答,教师可以登陆查看每个选项的答题人数,以此判断此次课程基本知识点掌握的情况,调整教学进度。这种方式,即了解了学生对知识点的掌握情况,同时又起到了点名的效果。

  游戏方式三:开设公共邮箱,将平时的课件、作业等都存放在公共邮箱中,辅助学生完成课后的复习。鼓励学生在公共邮箱中问问题,并鼓励其他学生帮助解答,不管是提问题的学生还是回答问题的学生,都给与分数上的奖励。将学生由被动地学习转为主动地学习。

通过以上各种方式,将数学课堂变成一个人人参与的游戏课堂,把学生的注意力和兴奋度都调动起来,使得枯燥的数学教学也能生动鲜活起来。

四、设计主题式课堂教学,加深理解

概率论与数理统计是揭示自然界随机现象统计规律的一门学科,对它的直观理解是建立在大量试验基础上的,这在有限的课堂时间内难以实现。传统的教学方式更是很难在深度和广度上满足教学实践的要求。因此,我们针对"概率统计"课程中每一个主题设计对应的主题课程,可以以动画演示、漫画叙述、数值模拟等多媒体手段展示,同时设计好相应的问题探索,引导学生课后自主求解。设计的课题有:频率与概率的关系展示;全概公式的解题奥妙;贝叶斯思想的实践意义;两项分布的背景模拟;正态分布的无处不在;中心极限定理的神奇作用;美国加州死刑犯的判决和肤色的相关性检验;孟德尔遗传定律的验证;父子身高揭示变量间既不确定又具相关性的统计关系;等等。建立生动有趣的教学环境,鼓励学生自己动手,利用计算机模拟演示得到统计规律性的结论;引导学生提升自主探索、发现、研究随机现象中的统计规律性,以及利用计算机软件解决问题的能力;有利于增强学习氛围,活跃课堂,激发学习情绪,学生学习概率统计的兴趣有了很大提高;同时,提高了学生学习和教师教学的效率,培养学生的自主探索精神,同时也培养了学生实践能力和创新能力。

总之,我们要努力通过改变教学理念和教学手段,让学生感到学习是快乐的,"概率统计"课程是生动有趣的;通过继续教育阶段的学习,培养学生终身学习的理念和方式方法。

参 考 文 献

[1] David Ruppert. Statistics and Finance:An Introduction[M]. New York:Springer-Verlag, 2004.

[2] 黄希楠.融入终身教育的高等教育与继续教育[J].教育研发,2009(16):96-97.

基于人本主义的教学管理的实践与思考

郁　霞[①]　廖洒丽

摘　要：从马斯洛的需求层次理论出发,结合同济大学数学系教学管理实际,将人本主义融入教学管理过程中,树立"以人为本,面向师生"的服务理念,充分调动教师的主观能动性、创造性、积极性,确保教学秩序协调和稳定,保证和提高教学质量。

关键词：人本主义　教学管理　教学质量

Abstract：In this article，we will start from Maslow's theory on hierarchy of needs and combine it with the teaching management practice of Department of Mathematics Tongji University. Humanistic management will be integrated into the teaching process. We will establish a human-centered，teacher-student-oriented service concept and will fully mobilize the teachers' initiative，creativity and enthusiasm. Thus to ensure the coordination and stability of teaching and to ensure and to improve the quality of teaching.

Keywords：humanism，teaching management，quality of teaching

一、引言

随着经济的日益腾飞和社会的不断进步,高等教育迎来了很多机遇,也面临着许多挑战,直接面向教师和学生的日常教学管理工作也暴露着很多矛盾。教学管理工作如何与时俱进,挖掘教学管理的服务内涵,保证教学秩序协调和稳定,成了一个急需解决的重要研究课题。从马斯洛的需求层次理论出发,结合同济大学数学系教学管理实际,我们将人本主义融入教学管理过程中,树立"以人为本,面向师生"的服务理念,充分调动教师的主观能动性、创造性和积极性,确保教学秩序协调和稳定,保证和提高教学质量。

---

①　通讯作者:郁霞,上海理工大学管理学院 MPA 研究生,邮箱:yuxiadrl@126.com

二、人本主义起源及内涵

在人类的思想发展历史上，人本主义思想可谓有着悠久的历史和深远的影响，直至如今，仍对现代社会发生着深远的影响。我们对人本主义内涵研究发现，人本主义内涵最初发源于古罗马思想家西塞罗那里，是指能够最大限度的发挥个人的才能、是一种人道精神的教育制度。当前国内外对人本主义有许多不同的阐释：英国《新大英百科全书》将人本主义解释成"一种把人和人的价值置于首位的观念"。美国《哲学百科全书》把人本主义解释成"指任何承认人的价值或尊严，把人作为万物的尺度，或以某种方式把人性及其范围、利益作为课题的哲学"。在我国，《中国大百科全书》将人本主义定义为"关于人的本质、使命、地位、价值和个性发展等等的思潮和理论"。

人本主义自产生以来，在哲学史上一直被哲学家们所关注的思想之一，古希腊哲学对人理性的把握，基督教把人神圣化，文艺复兴时期的人文主义者重新主张张扬人的理性，肯定欲望是人的本身存在；而现代的人本主义则在理性和非理性的交叉中实现着对人的追问。我国的人本主义则是马克思的"人本主义"思想最新继承，为我国现代化的建设提供了现实的理论指导。本部分就是在这样的逻辑框架上对人本主义进行溯源性的考察。

综上所述，人本主义思想在不同的时代，有着不同的表现形式，不同的内涵特征。从人本主义思想的历史发展轨迹来看，人本主义思想是在理性与非理性的交替中被关注和研究的。因此，在对历史上各种人本主义思潮进行评判时，我们也不能用一种尺度去武断地认定其正确与否。从总体上看，人本主义思想的最新形态——"以人为本"，无论是在理论内容方面，还是作为方法论的原则，都是对传统人本主义思想的变革和超越。

三、基于人本主义的教学管理的实践

在教学管理过程中，基于人本主义挖掘教学管理的服务内涵，以教师和学生的生存和发展为立足点，尊重人、依靠人、激发人的创造潜能，构建一个安全、和谐、科学的教学管理体系，促使学校、教师、学生三者之间和谐发展，是提高教学质量的重要保证。

（一）坚持以人为本，挖掘教学管理的服务内涵

教学管理的核心工作是面向老师的排课排考和面向学生的学籍学分处理，如

果采取简单的平均主义,看上去作了优化,提高了效率,其实埋下了很多隐患。譬如,教师上班距离的远近,双职工家庭的小孩是否有人照看,如何平衡两个校区的工作量,等等。

坚持"以人为本"的指导思想,就是坚持以教师和学生为主体。经过换位思考,排课之前尽量跟任课教师进行沟通,了解老师的实际情况,往往能够解决教授的后顾之忧,从而能够将精力更有效地投放在教学工作上。比如,住在离学校比较远的地方尽量避开一二节课,需要照顾小孩的家庭尽量避免七八节课,公共基础课程任课教师轮流去嘉定校区上课,等等。

(二)依靠多元沟通,加强教学管理的人文关怀

对于课程和监考的教学任务的分配,如果不能有效沟通,往往会给人一种强压式、命令式的感觉。如何既能布置好教学任务,又能增进同事之间友情,避免产生误解,需要平时通过各种机会和场合积极沟通,增进理解和互信。比如,校工会组织的运动会,师生演讲比赛,等等。通过活动,大家可以聊聊家常,对生活中遇到的困难和问题进行沟通和交流,拉近了同事和师生之间的距离,培养了浓厚的友情。

(三)建设信息平台,提高教学管理的服务效率

随着互联网的高速发展,传统的纸质通知如今已被各种信息化手段代替,譬如邮件、短信、微信、网上公告等。如何与时俱进,利用信息化手段提高教学管理的服务效率,是一个值得不断摸索和深入研究的课题。近年来,数学系陆续建立了邮件列表,飞信平台和报名网站,不仅节省了大量人力成本,还极大地提高了教学管理的速度和效率。

一旦收到教务处的通知,我们会第一时间通过邮件转发,重要和紧急的通知会通过短信提醒;遇到放假调休,我们会通过飞信平台友情提醒老师不要忘记上课日期和时间。同济大学大学生数学竞赛每年都有上千名学生报名参加,以往都是通过各位任课教师口头通知、纸质登记,需要大量的人力和物力。今年数学系建立了报名网站,学生直接登录网站填报详细信息,后续的考试通知、成绩公布都可以直接网络查询。同样地,以往重修课考试均由老师在课堂上通知,由于重修的学生大多有不少课程冲突,因而无法上课、错过通知,很多学生不知道考试的时间和地点,导致每次考试都显得非常混乱,现在学生可以直接登录网站查询。

(四)丰富业余活动,营造轻松友好工作氛围

教务人员需要积极参加工会活动、教学研讨会和青年教师沙龙等活动,与教师沟通感情,营造轻松友好工作氛围。譬如,通过周末的亲子活动,既增进了小朋友

们之间的友谊，也拉进了教师们之间的距离，在未来的工作中可以相处更加融洽，合作更加愉快。另外，数学系经常组织教师参加教学、学术研讨会和举办青年教师交流沙龙，教务人员积极参与其中，在多方面、多角度、多层次与任课教师进行教学改革的交流，碰撞出优化教学管理的火花，激发主人翁的责任感。

（五）举办学术讲座，打造科创平台，提高学生的学术视野

学校教学中提倡"以人为本"，就是以学生为本，而学生在学校阶段最重要的就是学习。因此，我们数学系除了给新生教授新生研讨课，还举办各式各样的学术讲座来丰富学生的课余生活。另外，从学生的角度考虑，创办创新俱乐部，鼓励学生参加国家、省级、校级的创新项目申请，为他们提供科技创新平台，以创新促进学术水平。

（六）丰富国际交流，打造国际性学术交流平台

由于国力的不断强大，我们与国际的交流日益增多。而学生们的国际视野对他们未来的发展有着不可估量的作用。因此，从学生的角度考虑，我们与国外多个学校进行联系，为他们打造国际性的学术交流平台。

国际合作与交流方面，数学系与法国知名高校签订研究生双学位培养协议，每年都有多名研究生和本科生到多个国家的高校及研究所进行交流访问、包括联合培养；承办国内国际学术会议，邀请国际著名数学家来访问交流；主办国际暑期研究生及大学生的暑期学校。

四、基于人本主义的教学管理的成效和思考

教学秩序和教学质量是教学工作的核心，是教学管理水平的体现。我们在教学管理过程中坚持"以人为本"的指导思想，坚持换位思考、有效沟通，数学系在2013—2014年度圆满完成各项教学任务，没有发生一起教学事故，教学状态获全校第三的好成绩。

不仅如此，数学系在青年教师讲课比赛中获得团体一等奖，"高等数学 D"获来华留学英语授课品牌课程，学生在大学生数学建模竞赛和大学生数学竞赛中，屡创佳绩，其中"加强数学基础，培养工科学科交叉型应用创新人才的实践与研究"获上海市教学成果奖一等奖。

现代大学的教学管理要着力体现人本主义的现代教学理念，增强教学管理的弹性，提高管理人员素质，强化教学管理的服务内涵，这应该成为我们高校管理者一直思考和实践的问题。

参 考 文 献

［1］高雪. 关于独立学院加强教学管理　提高教学质量的思考［J］. 改革与开放,2011
　　（12）:159.

［2］张东. 论大学教学管理的伦理诉求［D］.西南大学,2012.

［3］孔昱. 运用 ISO9000 标准建构独立学院教学质量保障体系的研究［D］.华中师范大
　　学,2012.

［4］边晓霞. 高校教学质量管理与优化研究［D］.天津理工大学,2013.

［5］宫小明. 普通高校教学管理问题研究［D］.东北师范大学,2007.

［6］李楠. 我国高等学校教师绩效评价研究［D］.首都经济贸易大学,2012.

［7］董垌希. 中外高校本科人才培养质量保障体系比较研究［D］.中国地质大学（北京）,2013.

［8］徐继红. 高校教师教学能力结构模型研究［D］.东北师范大学,2013.

［9］宋成鑫. 高校思想政治理论课实践教学模式创新研究［D］.东北林业大学,2012.

［10］张趁香. 基于 Web 的高校教务管理与教学质量监控系统的设计［D］.江南大学,2008.

［11］刘继斌. 流行病学教学质量评价研究［D］.山西医科大学,2008.

［12］任艳红. 高校教学评价制度的反思与重构［D］.陕西师范大学,2011.

［13］郭子楹. 新课改背景下高中课堂教学管理策略探究［D］.海南师范大学,2013.

［14］蒋彦青. 普通本科高校教学质量管理改进研究［D］.福建师范大学,2013.

［15］蓝书剑. 福建农林大学英语教学管理改革研究［D］.福建农林大学,2013.

［16］曾志嵘. 高等医学院校教师教学行为现状及其对教学质量影响的流行病学研究［D］.第一
　　军医大学,2006.

［17］罗纯礼. 谈谈档案专业培训班的教学管理与教学质量的关系［J］. 黑龙江档案,1994
　　（2）:16.

［18］林萍. 高校教学管理与教学质量的深层思考［J］. 新疆石油教育学院学报,2003(1):54-55,
　　60.

数学分析中概念、命题及其否定命题的分析描述

贺　群[①]

（同济大学数学系）

摘　要：本文总结归纳了数学分析中一些基本概念和理论，用分析语言给出各种不同情形的概念和定理统一而又简洁的描述和证明，以期帮助学生更好地理解和掌握相关理论和概念。

关键词：极限　邻域　否定命题　Henie 定理　单调有界定理　Cauchy 准则

Abstract：This paper summarizes some basic concepts and theorems of the mathematical analysis and gives their unified and simple descriptions and proofs presented in different situations by analytic language in order to help students better understand and master these basic theories and concepts.

Keywords：limit, neighborhood, negative proposition, Henie's theorem, monotone bounded theorem, Cauchy's criterion

数学分析的一项重要任务就是培养学生的逻辑思维能力，使学生学会运用数学分析的语言进行正确的逻辑推理。这就需要首先学会用数学分析的语言简洁、准确地描述所涉及的基本概念和命题，这是学好数学分析的基本功，也是进行运算推导的前提。然而，作者在多年的数学分析教学过程中发现不少学生不能准确地用分析语言描述相关概念，特别是否定命题，从而导致逻辑推理错误，或者论证过程偏离预期目标。因此，关于数学分析中的概念和分析语言的教学也是十分重要的。强调概念的重要性并非鼓励学生简单背诵和记忆定义、定理，而是通过及时归纳要点，寻找和总结规律来帮助学生深入理解和掌握概念、命题，并能加以灵活运用。本文将就这个问题做一些探讨。

为了概念、命题叙述上的简洁，在本文中尽量采用常用数学符号表示，如：

---

①　贺群，教授，同济大学数学系，邮箱：hequn@tongji.edu.cn

∀（任意），∃（存在），∃！（存在惟一），∍（使得），等。

一、寻找类似概念和命题的普遍规律加以统一描述

1. 各种极限概念的统一描述

极限是数学分析中最基本也是最重要的概念,分析其他一系列重要概念,如函数的连续性、导数、定积分、级数等都是用极限来描述的。因此,用分析的语言简洁、准确地描述极限是最基本也是最重要的一个环节。由于极限形式根据其自变量极限过程和极限值的不同可分为 28 种之多,为帮助学生理解和记忆,总结它们的普遍规律,抓住要点是非常必要的。

极限定义的关键在于邻域,要统一描述极限,首先要统一描述邻域。如果形式地记 $a_* = x_0, x_0^+, x_0^-, \infty, +\infty, -\infty (x_0 \in \mathbf{R})$, $b_* = A, \infty, +\infty, -\infty (A \in \mathbf{R})$,并采用统一的邻域记号:

$$U(a_*, \delta) = \begin{cases} (x_0 - \delta, x_0 + \delta), & a_* = x_0, \\ [x_0, x_0 + \delta), & a_* = x_0^+, \\ (x_0 - \delta, x_0], & a_* = x_0^-, \\ (-\infty, -\delta) \bigcup (\delta, +\infty), & a_* = \infty, \\ (\delta, +\infty), & a_* = +\infty, \\ (-\infty, -\delta), & a_* = -\infty; \end{cases}$$

$$\mathring{U}(a_*, \delta) = U(a_*, \delta) \backslash \{x_0\}, \quad a_* = x_0, x_0^\pm,$$

$$\mathring{U}(a_*, \delta) = U(a_*, \delta), \quad a_* = \infty, \pm\infty \,。$$

则数列极限可统一表示为 $\lim\limits_{n \to +\infty} x_n = b_*$,其定义可统一简述为:

$$\forall \varepsilon > 0, \ \exists N > 0, \ \forall n > N : x_n \in U(b_*, \varepsilon)。$$

函数极限可统一表示为 $\lim\limits_{x \to a_*} f(x) = b_*$,其定义也可统一简述为:

$$\forall \varepsilon > 0, \ \exists \delta > 0, \ \forall x \in \mathring{U}(a_*, \delta) : f(x) \in U(b_*, \varepsilon)。$$

可见,函数极限定义的要点是邻域,上述定义也可用邻域统一简述为:

给定 b_* 的任意邻域 $V(b_*)$,存在 a_* 的去心邻域 $\mathring{U}(a_*)$,使得 $f[\mathring{U}(a_*)] \subset V(b_*)$。用邻域描述函数极限的优点是既简洁明了又便于推广。但对于初学者来说过于抽象,不便于推导计算。

2. 归结原则的统一描述

Heine 定理（归结原则）：$\lim\limits_{x \to a_*} f(x)$ 存在 $\Leftrightarrow \forall \{x_n\}$, $x_n \to a_*$, 且 $x_n \neq a_*$, $\lim\limits_{n \to +\infty} f(x_n)$ 都存在（且相等）。

若考虑极限值包括无穷大（即 $b_* = A, \infty, +\infty, -\infty$）的情形，归结原则可推广为

定理 1 $\lim\limits_{x \to a_*} f(x) = b_* \Leftrightarrow \forall \{x_n\}$, $x_n \to a_*$ 且 $x_n \neq a_*$：$\lim\limits_{n \to +\infty} f(x_n) = b_*$。

证明 $\Rightarrow)$：$\because \lim\limits_{x \to a_*} f(x) = b_* \therefore \forall \varepsilon > 0$, $\exists \delta > 0$, $\forall x \in \mathring{U}(a_*, \delta)$：$f(x) \in U(b_*, \varepsilon)$. 设 $x_n \to a_*$ 且 $x_n \neq a_*$，则对于 $\delta > 0$, $\exists N > 0$, $\forall n > N$：$x_n \in \mathring{U}(a_*, \delta)$，从而有 $f(x_n) \in U(b_*, \varepsilon)$，即 $\lim\limits_{n \to +\infty} f(x_n) = b_*$。

$\Leftarrow)$：若 $\lim\limits_{x \to a_*} f(x) \neq b_*$，则 $\exists \varepsilon_0 > 0$, $\forall \delta > 0$, $\exists x_\delta \in \mathring{U}(a_*, \delta)$, $\ni f(x_\delta) \notin U(b_*, \varepsilon_0)$。

(1) 当 $a_* = x_0, x_0^+, x_0^-$ 时，取 $\delta_n = \dfrac{1}{n}$，则 $\exists x_n \in \mathring{U}\left(a_*, \dfrac{1}{n}\right)$, $\ni f(x_n) \notin U(b_*, \varepsilon_0)$ $n = 1, 2, \cdots$，即 $x_n \to a_*$ 且 $x_n \neq a_*$，但 $\lim\limits_{n \to +\infty} f(x_n) \neq b_*$，矛盾。

(2) 当 $a_* = \infty, +\infty, -\infty$ 时，取 $\delta_n = n$，则 $\exists x_n \in \mathring{U}(a_*, n)$, $\ni f(x_n) \notin U(b_*, \varepsilon_0)$，即 $x_n \to a_*$ 且 $x_n \neq a_*$，但 $\lim\limits_{n \to +\infty} f(x_n) \neq b_*$，矛盾。证毕。

对于 $\lim\limits_{x \to a_*} f(x)(a_* = x_0^+, x_0^-, +\infty, -\infty)$ 这四种类型的单侧极限，其广义归结原则可表示为更强的形式：

定理 2 $\lim\limits_{x \to a_*} f(x) = b_* \Leftrightarrow \forall \{x_n\}$, $x_n \to a_*$, $x_n \neq a_*$ 且 $\{x_n\}$ 单调：$\lim\limits_{n \to +\infty} f(x_n) = b_*$。

证明 必要性由定理 1 可得，充分性证明与定理 1 完全类似，只需在 (1) 中依次取 $\delta_1 = 1$, $\delta_2 = \min\left\{\dfrac{1}{2}, |x_1 - x_0|\right\} \cdots$, $\delta_n = \min\left\{\dfrac{1}{n}, |x_{n-1} - x_0|\right\}$，在 (2) 中依次取 $\delta_1 = 1$, $\delta_2 = \max\{2, |x_1|\} \cdots$, $\delta_n = \max\{n, |x_{n-1}|\}$，则数列 $\{x_n\}$ 同样满足 $x_n \to a_*$, $x_n \neq a_*$，同时具有单调性。证毕。

3. 单调有界定理的统一描述

单调有界定理是数列极限非常有用的一个定理。事实上，单侧函数极限也有其相应的单调有界定理。

定理 3 若 $\exists \delta > 0$，使得函数 $f(x)$ 在 $\mathring{U}(a_*, \delta)$ 上单调有界，则

$\lim\limits_{x \to a_*} f(x)(a_* = x_0^+, x_0^-, +\infty, -\infty)$ 存在。

证明 设 $\forall \{x_n\} \subset \mathring{U}(a_*, \delta)$, $x_n \to a_*$, 且 $\{x_n\}$ 单调,则 $\{f(x_n)\}$ 单调有界, 故收敛。由定理 2, $\lim\limits_{x \to a_*} f(x)$ 存在。证毕。

4. Cauchy 收敛准则的统一描述

函数极限 $\lim\limits_{x \to a_*} f(x)(a_* = x_0, x_0^+, x_0^-, \infty, +\infty, -\infty)$ 的每一种形式都有其

相应的 Cauchy 收敛准则,所有形式函数极限的 Cauchy 收敛准则可统一表示为:

定理 4 $\lim\limits_{x \to a_*} f(x)$ 存在

$\Leftrightarrow \forall \varepsilon > 0, \exists \delta > 0, \forall x', x'' \in \mathring{U}(a_*, \delta): |f(x') - f(x'')| < \varepsilon$。

证明 $\Rightarrow$): $\lim\limits_{x \to a_*} f(x)$ 存在, 设 $\lim\limits_{x \to a_*} f(x) = A$, 则

$$\forall \varepsilon > 0, \exists \delta > 0, \forall x \in \mathring{U}(a_*, \delta): |f(x) - A| < \frac{\varepsilon}{2}.$$

因此 $\forall x', x'' \in \mathring{U}(a_*, \delta): |f(x') - f(x'')| \leqslant |f(x') - A| + |f(x'') - A|$

$< \frac{\varepsilon}{2} + \frac{\varepsilon}{2} = \varepsilon$。

$\Leftarrow$): 设 $\forall \{x_n\}, \lim\limits_{n \to \infty} x_n = a_*$ 且 $x_n \neq a_*$。由假设 $\forall \varepsilon > 0, \exists \delta > 0, \forall x', x''$

$\in \mathring{U}(a_*, \delta): |f(x') - f(x'')| < \varepsilon$, 则对于 $\delta > 0, \exists N > 0, \forall n, m > N$: x_n,

$x_m \in \mathring{U}(a_*, \delta)$, 从而有 $|f(x_n) - f(x_m)| < \varepsilon$。

由数列极限 Cauchy 收敛准则, $\{f(x_n)\}$ 收敛, 又由函数极限归结原则,

$\lim\limits_{x \to a_*} f(x)$ 存在。证毕。

二、否定命题的分析描述

在证明过程中,特别是反证法中时常会用到否定命题。因此,运用分析的语言 准确地写出命题的否定命题也是学好数学分析的一个重要环节。此外,一些概念 的定义中本身包含着某些分析命题的否定命题。例如:上下确界是数学分析中的 一个重要的概念,也是实数理论的一个入门概念,中学数学一般不大会接触到,对 初学者理解也许并不困难,但真正熟练运用还是有一定难度。关键是要学会根据 需要,用各种不同分析语言准确地加以描述。$\beta = \sup S$ 的定义是:

(1) β 是 S 的上界,即 $\forall x \in S: x \leqslant \beta$;(2) β 是 S 的最小上界,即

$$\forall \alpha < \beta, \exists x_0 \in S, \ni x_0 > \alpha \quad \text{或者} \quad \forall \varepsilon > 0, \exists x_0 \in S, \ni x_0 > \beta - \varepsilon.$$

（2）"β 是 S 的最小上界"也就是说"任意比 β 小的数 α 都不是 S 的上界"，其中，"α 不是 S 的上界"正是"α 是 S 的上界"的否定命题。所以，准确地用分析语言表述否定命题，对于更好地理解概念也是很有帮助的。

虽然学生在高中阶段学过命题与否定命题的相关内容，但那里的命题仅限于条件结论式命题，而数学分析所涉及的命题更为复杂，且形式多样。所以，对于大多数学生来讲，如何运用分析的语言，用肯定语气准确地写出命题的否定命题仍然是一个难点。下面讨论解决该问题的一般方法、规律和应注意的一些问题。

1. 对于复杂的命题可采用层层否定的方法

例 1　S 无上界：即不 $\exists M \in \mathbf{R}, \ni \forall x \in S: x \leqslant M$，转变为：$\forall M \in \mathbf{R}$，不是 $\forall x \in S$ 都有 $x \leqslant M$，再转变为：$\forall M \in \mathbf{R}, \exists x_0 \in S, \ni x_0 > M$。

例 2　$\lim\limits_{n \to +\infty} x_n \neq A$ 即不成立，$\forall \varepsilon > 0, \exists N > 0$，当 $n > N$ 时有 $|x_n - A| < \varepsilon$ 首先转变为：$\exists \varepsilon_0 > 0$，不 $\exists N > 0$，当 $n > N$ 时有 $|x_n - A| < \varepsilon$；再转变为：$\exists \varepsilon_0 > 0, \forall N > 0$，当 $n > N$ 时 $|x_n - A| < \varepsilon$ 不成立；最后转变为

$$\exists \varepsilon_0 > 0, \forall N > 0, \exists n_0 > N: |x_{n_0} - A| \geqslant \varepsilon_0$$

2. 适当改写肯定命题，以方便转换

尽量采用用数学符号 $\exists$，$\forall$ 表述肯定命题，转化为否定命题时只需将 $\exists$ 改成 $\forall$，$\forall$ 改成 $\exists$，否定最终的等式或不等式即可。

例 3　$f(x)$ 在 D 上有界：$\exists M > 0, \forall x_0 \in D, \ni |f(x_0)| < M$；
　　　　　无界：$\forall M > 0, \exists x_0 \in D, \ni |f(x_0)| > M$。

例 4　若将 $\lim\limits_{n \to +\infty} x_n = A$ 的定义写成"$\forall \varepsilon > 0, \exists N > 0, \forall n > N: |x_n - A| < \varepsilon$"，则例 2 中否定命题 $\lim\limits_{n \to +\infty} x_n \neq A$ 立即可得。

例 5　将"在区域 D 上 $f(x) \equiv 0$"用数学符号表述为：$\forall x \in D: f(x) = 0$，则其否定命题"在区域 D 上 $f(x)$ 不恒等于零"的分析表述为：$\exists x_0 \in D, \ni f(x_0) \neq 0$。

3. 注意某些相近概念的否定命题的区别

例如，"S 有上界"和"S 有上界 M"（即 M 是 S 的上界），"$\lim\limits_{x \to x_0} f(x)$ 存在"和"$\lim\limits_{x \to x_0} f(x) = A$"等。它们的的否定命题分别为：

S 无上界：$\forall M \in \mathbf{R}, \exists x_0 \in S, \ni x_0 > M$；

M 不是 S 的上界：$\exists x_0 \in S, \ni x_0 > M$；

$\lim\limits_{x \to x_0} f(x) \neq A : \exists \varepsilon_0 > 0, \ \forall \delta > 0,$

$$\exists x_\delta (0 < | \ x_\delta - x_0 \ | < \delta) : | \ f(x_\delta) - A \ | \geqslant \varepsilon_0 ;$$

$\lim\limits_{x \to x_0} f(x)$ 不存在：$\forall A \in \mathbf{R}, \ \exists \varepsilon_0 > 0, \ \forall \delta > 0,$

$$\exists x_\delta (0 < | \ x_\delta - x_0 \ | < \delta) : | \ f(x_\delta) - A \ | \geqslant \varepsilon_0 。$$

参 考 文 献

［1］华东师范大学. 数学分析[M]. 4 版. 北京:高等教育出版社,2010.

［2］菲赫金哥尔茨. 数学分析原理(第一卷)[M]. 9 版. 北京:高等教育出版社,2013.

［3］陈纪修,於崇华,金路. 数学分析[M]. 2 版. 北京:高等教育出版社,2004.

［4］林源渠,方企勤. 数学分析解题指南[M]. 北京大学出版社,2003.

几个常用分布之间的关系

牛司丽　梁汉营

（同济大学数学系）

摘　要：本文讨论了超几何分布、二项分布和泊阿松分布之间的逼近关系，其中分别使用直接证明法和特征函数法证明二项分布渐近泊阿松分布。同时研究了服从二项分布 $B(n, p)$ 及泊松分布 $P(\lambda)$ 随机变量的标准化随机变量，分别在 $n \to \infty$ 和 $\lambda \to \infty$ 时，均收敛于标准正态分布。

关键词：超几何分布　二项分布　泊阿松分布　标准正态分布

Abstract：In this paper, we discuss approximation relation among hypergeometric distribution, binomial distribution as well as poisson distribution. The method of a direct proof and characteristic function is used in the proof procedure of the binomial distribution approximating to the poisson distribution. At the same time, both of the standardized random variables with the binomial distribution $B(n, p)$ and the poisson distribution $P(\lambda)$ converge to standard normal distribution as $n \to \infty$ and $\lambda \to \infty$, respectively.

Keywords：hypergeometric distribution, binomial distribution, poisson distribution, standard normal distribution

一、引言

众所周知，超几何分布、二项分布和泊阿松分布是离散状态下三大常用的分布，而标准正态分布是连续型随机变量中的一个重要分布。这几个常用分布在概率论与数理统计中有着非常重要的地位，而在实际问题中，特别是在产品检验、总量预测等方面，它们更是不可或缺。在本文中，我们对几个分布之间的相互关系进行了剖析，并且研究了个别分布之间收敛关系证明方法的讨论。

二、基本概念

定义 1.1　对某批 N 件产品进行不放回抽样检查，若这批产品中有 M 件次品,现从这批产品中随机抽取 n 件产品,则在这 n 件产品中出现的次品数 X 是随机变量,它的取值为 0,1,2,$\cdots$,$\min\{n, M\}$,且 X 的概率函数为

$$P(X = m) = \frac{C_M^m C_{N-M}^{n-m}}{C_N^n}, \quad m = 0, 1, 2, \cdots, \min\{n, M\},$$

称 X 服从超几何分布。

定义 1.2 在 n 重贝努利试验中,记 X 为事件 A 出现的次数,且 $P(A) = p$,则 X 是一个随机变量,它的可能取值为 0,1,2,$\cdots$,n,且概率函数为

$$P(X = m) = C_n^m p^m (1-p)^{n-m}, \quad m = 0, 1, \cdots, n,$$

其中,$0 < p < 1$,且 $P(A) = p$,称 X 服从二项分布,记作 $X \sim B(n, p)$.

定义 1.3 如果随机变量 X 取一切非负整数值,且概率函数为

$$P(X = m) = \frac{\lambda^m}{m!} e^{-\lambda}, \quad m = 0, 1, \cdots,$$

其中 $\lambda > 0$,则称 X 服从参数为 λ 的泊阿松分布,记作 $X \sim P(\lambda)$。

定义 1.4 如果随机变量 X 的概率密度函数为 $f(x) = \frac{1}{\sqrt{2\pi}\sigma} e^{-\frac{(x-\mu)^2}{2\sigma^2}}$,$-\infty < x < \infty$,则称 X 服从正态分布,记作 $X \sim N(\mu, \sigma^2)$,其中 $-\infty < \mu < \infty$,$\sigma > 0$;特别地,当 $\mu = 0$,$\sigma^2 = 1$ 时,称其分布为标准正态分布。

定义 1.5 设 X 是一个随机变量,称 $\varphi_X(t) = E(e^{itX})$,$-\infty < t < \infty$ 为 X 的特征函数。

定义 1.6 设随机变量 X,X_1,X_2,$\cdots$ 的分布函数分别为 $F(x)$,$F_1(x)$,$F_2(x)$,$\cdots$,若对 $F(x)$ 的任一连续点 x,都有 $\lim\limits_{n \to \infty} F_n(x) = F(x)$,则称 $\{F_n(x)\}$ 弱收敛于 $F(x)$,并称 X_n 依分布收敛于 X。

三、主要结果

定理 2.1 假设 $\lim\limits_{N \to \infty} \frac{M}{N} = p$,则对于一切 $n \geq 1$,$m = 0, 1, \cdots, n$,有

$$\lim_{N \to \infty} \frac{C_M^m C_{N-M}^{n-m}}{C_N^n} = C_n^m p^m (1-p)^{n-m},$$

即超几何分布的极限分布是二项分布。

附注 2.1 定理 2.1 说明,尽管超几何分布产生于不放回抽样,而二项分布产

生于有放回抽样,但是,当总体中 N 及 M 的数量很大,而取样的次数 n 相对很小时,可以认为不放回抽样和有放回抽样的差别很小。

定理 2.2 在贝努利试验中,以 p_n 表示事件 A 在试验中出现的概率,它与试验总数 n 有关,如果 $\lim\limits_{n\to\infty} np_n = \lambda$,则 $\lim\limits_{n\to\infty} C_n^m p_n^m (1-p_n)^{n-m} = \dfrac{\lambda^m}{m!}e^{-\lambda}$,即二项分布的极限分布是泊阿松分布。

定理 2.3 如果随机变量 X 服从二项分布 $B(n, p)$,则对于一切实数 x

$$\lim_{n\to\infty} P\left[\frac{X-np}{\sqrt{np(1-p)}} \leqslant x\right] = \frac{1}{\sqrt{2\pi}}\int_{-\infty}^{x} e^{-\frac{t^2}{2}} dt。$$

定理 2.4 如果随机变量 X 服从参数为 λ 的泊松分布 $P(\lambda)$,则对于一切实数 x

$$\lim_{\lambda\to\infty} P\left[\frac{X-\lambda}{\sqrt{\lambda}} \leqslant x\right] = \frac{1}{\sqrt{2\pi}}\int_{-\infty}^{x} e^{-\frac{t^2}{2}} dt。$$

附注 2.2 定理 2.3 和定理 2.4 显示,服从二项分布 $B(n, p)$ 及泊松分布 $P(\lambda)$ 随机变量的标准化随机变量,分别在 $n\to\infty$ 和 $\lambda\to\infty$ 时,均收敛于标准正态分布 $N(0, 1)$。

四、主要结果的证明

引理 1 设随机变量 X 的特征函数为 $\varphi_X(t)$,则 $Y = aX + b$(其中 a, b 是常数)的特征函数为 $\varphi_Y(t) = e^{ibt}\varphi_X(at)$。

引理 2 分布函数序列 $\{F_n(x)\}$ 弱收敛于分布函数 $F(x)$ 的充分必要条件是 $\{F_n(x)\}$ 的特征函数序列 $\{\varphi_n(t)\}$ 收敛于 $F(x)$ 的特征函数 $\varphi(t)$。

定理 2.1 的证明 注意,对固定的 $n \geqslant 1$ 和 $0 \leqslant m \leqslant n$,有

$$\frac{C_M^m C_{N-M}^{n-m}}{C_N^n} = \frac{M!}{m!(M-m)!} \cdot \frac{(N-M)!}{(n-m)!(N-M-n+m)!} \cdot \frac{n!(N-n)!}{N!}$$

$$= \frac{n!}{m!(n-m)!} \cdot \frac{M!}{(M-m)!} \cdot \frac{(N-M)!}{(N-M-n+m)!} \cdot \frac{(N-n)!}{N!}$$

$$= C_n^m \left(\frac{M}{N}\right)^m \left(1-\frac{M}{N}\right)^{n-m} \cdot$$

$$\frac{\left(1-\frac{1}{M}\right)\cdots\left(1-\frac{m-1}{M}\right) \cdot \left(1-\frac{1}{N-M}\right)\cdots\left(1-\frac{n-m-1}{N-M}\right)}{\left(1-\frac{1}{N}\right)\left(1-\frac{2}{N}\right)\cdots\left(1-\frac{n-1}{N}\right)}。$$

由定理的条件可见,当 $N \to \infty$ 时有 $M \to \infty$,且

$$\lim_{N \to \infty} \frac{1}{N-M} = \lim_{N \to \infty} \frac{\dfrac{1}{N}}{1-\dfrac{M}{N}} = \lim_{N \to \infty} \frac{1}{N} \cdot \frac{1}{1-p} = 0,$$

所以,在上式中取 $N \to \infty$,即得 $\lim\limits_{N \to \infty} \dfrac{C_M^m C_{N-M}^{n-m}}{C_N^n} = C_n^m p^m (1-p)^{n-m}$。所以定理 2.1 得证。

定理 2.2 的证明

方法一(直接证明法):记 $np_n = \lambda_n$,则

$$C_n^m p_n^m (1-p_n)^{n-m} = \frac{n(n-1)\cdots(n-m+1)}{m!} \left(\frac{\lambda_n}{n}\right)^m \left(1-\frac{\lambda_n}{n}\right)^{n-m}$$

$$= \frac{\lambda_n^m}{m!} \left(1-\frac{1}{n}\right) \left(1-\frac{2}{n}\right) \cdots \left(1-\frac{m-1}{n}\right) \left(1-\frac{\lambda_n}{n}\right)^{n-m}。$$

由于对固定的 m 有 $\lim\limits_{n \to \infty} \lambda_n^m = \lambda^m$, $\lim\limits_{n \to \infty} \left(1-\dfrac{\lambda_n}{n}\right)^{n-m} = e^{-\lambda}$ 以及

$$\lim_{n \to \infty} \left(1-\frac{1}{n}\right) \left(1-\frac{2}{n}\right) \cdots \left(1-\frac{m-1}{n}\right) = 1。$$

所以 $\lim\limits_{n \to \infty} C_n^m p_n^m (1-p_n)^{n-m} = \dfrac{\lambda^m}{m!} e^{-\lambda}$。即定理 2.2 得证。

方法二(特征函数法):由定义不难得到,二项分布的特征函数为

$$f_n(t) = (p_n e^{it} + q_n)^n = \left(1 + \frac{np_n(e^{it}-1)}{n}\right)^n。$$

注意 $\lim\limits_{n \to \infty} np_n = \lambda$ 显示 $np_n(e^{it}-1) \to \lambda(e^{it}-1)$,所以

$$\lim_{n \to \infty} f_n(t) = \lim_{n \to \infty} \left(1 + \frac{np_n(e^{it}-1)}{n}\right)^n = \exp\{\lambda(e^{it}-1)\},$$

而 $\exp\{\lambda(e^{it}-1)\}$ 正是泊松分布 $P(\lambda)$ 的特征函数,于是由引理 2 知,二项分布 $B(n, p)$ 的分布函数弱收敛于泊松分布 $P(\lambda)$ 的分布函数,所以二项分布的极限分布是泊阿松分布。

定理 2.3 的证明 因为 X 服从二项分布 $B(n, p)$,所以它的特征函数为

$$f_n(t) = (p e^{it} + q)^n。$$

记 $q = 1-p$。应用引理 1 得 $\dfrac{X-np}{\sqrt{np(1-p)}}$ 的特征函数为

$$g_n(t) = \left[p\exp\left(\frac{it}{\sqrt{npq}}\right) + q \right]^n \exp\left(-\frac{npit}{\sqrt{npq}}\right)$$

$$= \left[p\exp\left(\frac{qit}{\sqrt{npq}}\right) + q\exp\left(-\frac{pit}{\sqrt{npq}}\right) \right]^n.$$

应用泰勒展开 e^x，有 $e^x = 1 + x + \dfrac{1}{2!}x^2 + o(x^2)$，于是

$$p\exp\left(\frac{qit}{\sqrt{npq}}\right) = p + it\sqrt{\frac{pq}{n}} - \frac{qt^2}{2n} + o\left(\frac{t^2}{n}\right),$$

$$q\exp\left(-\frac{pit}{\sqrt{npq}}\right) = q - it\sqrt{\frac{pq}{n}} - \frac{pt^2}{2n} + o\left(\frac{t^2}{n}\right).$$

于是

$$g_n(t) = \left(1 - \frac{t^2}{2n} + o\left(\frac{t^2}{n}\right)\right)^n \to e^{-\frac{t^2}{2}} \quad (n \to \infty).$$

由于 $e^{-\frac{t^2}{2}}$ 是标准正态分布 $N(0,1)$ 的特征函数，所以应用引理 2 得

$$\lim_{n \to \infty} P\left(\frac{X-np}{\sqrt{np(1-p)}} \leqslant x\right) = \frac{1}{\sqrt{2\pi}} \int_{-\infty}^{x} e^{-\frac{t^2}{2}} \, dt.$$

即定理 2.3 得证。

定理 2.4 的证明　由于随机变量 X 服从泊松分布 $P(\lambda)$，所以由定义易得 X 的特征函数为 $\varphi_\lambda(t) = \exp\{\lambda(e^{it}-1)\}$。应用引理 1，$Y = \dfrac{X-\lambda}{\sqrt{\lambda}}$ 的特征函数为

$$g_\lambda(t) = \varphi_\lambda\left(\frac{t}{\sqrt{\lambda}}\right)\exp(-i\sqrt{\lambda}t) = \exp\{\lambda(e^{\frac{it}{\sqrt{\lambda}}}-1) - i\sqrt{\lambda}t\}.$$

注意，对任意的 t 有

$$\exp\left\{\frac{it}{\sqrt{\lambda}}\right\} = 1 + \frac{it}{\sqrt{\lambda}} - \frac{t^2}{2!\lambda} + o\left(\frac{1}{\lambda}\right),$$

于是

$$\lambda(\mathrm{e}^{\frac{it}{\sqrt{\lambda}}}-1)-i\sqrt{\lambda}t = -\frac{t^2}{2}+\lambda \cdot o\left(\frac{1}{\lambda}\right) \to -\frac{t^2}{2} \quad (\lambda \to \infty)。$$

从而

$$\lim_{\lambda \to \infty} g_\lambda(t) = \mathrm{e}^{-\frac{t^2}{2}}。$$

由于 $\mathrm{e}^{-\frac{t^2}{2}}$ 是标准正态分布 $N(0, 1)$ 的特征函数,所以应用引理 2 得

$$\lim_{\lambda \to \infty} P\left(\frac{X-\lambda}{\sqrt{\lambda}} \leqslant x\right) = \frac{1}{\sqrt{2\pi}}\int_{-\infty}^{x} \mathrm{e}^{-\frac{t^2}{2}}\mathrm{d}t。$$

即定理 2.4 得证。

参 考 文 献

[1] 复旦大学. 概率论(第一分册)[M]. 北京:高等教育出版社,1979.

[2] 茆诗松,程依明,濮晓龙. 概率论与数理统计[M]. 2 版. 北京:高等教育出版社,2011.

关于贝努利过程与泊松过程的教学注记

王勇智　杨国庆　钱伟民

（同济大学数学系）

摘　要：贝努利过程和泊松过程是随机过程中重要且基本的过程，构成了随机过程的基础，并且两者有着极为相似之处。本文对比了它们的联系与区别，并设计了两个案例，通过 MATLAB 模拟，使学生在动手实践的过程中，加深对随机过程基本概念的理解。

关键词：贝努利过程　泊松过程　独立增量过程　马尔科夫过程

Abstract：Bernoulli process and Poisson process are important and fundamental random models which form the basis of stochastic process，and they are very similar. The paper compares their relations and differences，and designs two cases. By MATLAB simulation，students deepen their understanding of the basic concepts of stochastic processes in the hands-on process.

Keywords：Bernoulli process，Poisson process，the independent increment process，Markov process

一、引言

随机过程是工科研究生部分专业必修的课程，怎样理解随机过程的基本概念以及一些重要的随机过程实例，对课程后面的学习非常重要。贝努利过程和泊松过程有着极为相似的性质，我们从定义、独立性、马尔科夫性、数字特征及相关的随机过程角度分析它们的异同。同时结合实际问题给出了两个案例，使学生通过动手实践理解、掌握随机过程的基本概念。

二、贝努利过程和泊松过程的对比

(一) 两个过程的定义[1]

1. 贝努利过程

定义 1　如果 X_1，X_2，…，X_n… 相互独立且服从相同分布的随机变量序列，$X_i \sim B(1,\ p)$ 那么，称 $\{X_n,\ n = 1,\ 2,\ \cdots\}$ 是参数为 p 的贝努利（Bernoulli）过程。

性质 1　若 $\{X_n,\ n = 1,\ 2,\ \cdots\}$ 是参数为 p 的贝努利过程，则它是时间离散、状态离散的独立过程、马尔科夫过程。且 $X_n \sim B(1,\ p)$，$\mu_X(n) = p$，$\sigma_X^2(n) = pq$，

$C_X(m,\ n) = 0$，$R_X(m,\ n) = \begin{cases} p^2, & m \neq n \\ p, & m = n \end{cases}$。若记 $X_i = \begin{cases} 0, & \text{第 } i \text{ 次试验失败} \\ 1, & \text{第 } i \text{ 次试验成功} \end{cases}$，

$i = 1,\ 2,\ \cdots$，由 $p = E(X_i)$ 知，可将 p 看为单次试验（即单位时间）中成功的平均次数，可称 p 为贝努利过程的强度。

2. 泊松过程

定义 2　设计数过程 $\{N(t),\ t \geq 0\}$ 满足条件(1) $N(0) = 0$；(2)具有独立增量性；(3) $N(t+s) - N(s) \sim P(\lambda t)$ 那么，称计数过程 $\{N(t),\ t \geq 0\}$ 是参数为 λ 的泊松过程，其中 $\lambda > 0$。

定义 2'　设计数过程 $\{N(t),\ t \geq 0\}$ 满足条件(1) $N(0) = 0$；(2)是平稳独立增量过程；(3) 存在 $\lambda > 0$，当 $h \to 0^+$ 时，$P(N(h) = 1) = \lambda h + o(h)$，$P(N(h) \geq 2) = o(h)$。那么，称计数过程 $\{N(t),\ t \geq 0\}$ 是参数为 λ 的泊松过程，其中 $\lambda > 0$。

性质 2　设 $\{N(t),\ t \geq 0\}$ 是参数为 λ 的泊松过程，则 $\{N(t),\ t \geq 0\}$ 是时间连续，状态离散的平稳独立增量过程、马尔科夫过程。且

$$N(t) \sim P(\lambda t),\ \mu_N(t) = \lambda t,\ \sigma_N^2(t) = \lambda t,$$

$$C_N(s,\ t) = \lambda \min(s,\ t),\ R_N(s,\ t) = \lambda \min(s,\ t) + \lambda^2 st.$$

若 $N(t)$ 为 $[0,\ t]$ 内事件发生的次数，由 $\lambda = \dfrac{EN(t)}{t}$ 可知，λ 是事件 A 在单位时间内发生的平均次数，也称 λ 是泊松过程的强度。

（二）前 n 项部分和过程

定义 3 设 $\{X_n, n = 1, 2, \cdots\}$ 是参数 p 的贝努利过程,记 $N_n = \sum\limits_{k=1}^{n} X_k$。$N_n$ 是贝努利过程的前 n 项部分和,表示前 n 次试验中成功的次数。记 $N_0 = 0$,称 $\{N_n, n = 0, 1, \cdots\}$ 是参数为 p 的贝努利过程的前 n 项部分和过程。

性质 3 设 $\{N_n, n = 0, 1, \cdots\}$ 是贝努利过程的前 n 项部分和过程,则 $N_n \sim B(n, p)$。$\{N_n, n \geqslant 0\}$ 是平稳独立增量过程、马尔科夫过程且

$$\mu_N(n) = np, \ \sigma_N^2(n) = npq, \ C_N(m, n) = \min(m, n)pq,$$

$$R_N(m, n) = \min(m, n) + mnp^2.$$

对比性质 2 与性质 3,可知贝努利过程的前 n 项部分和 N_n 和泊松过程 $N(t)$ 在所描述的随机过程模型中的地位相同。它们所服从的分布、平稳独立增量性、马尔科夫性、及数字特征都有相似之处,所服从的分布也都具有可加性。

泊松过程和贝努利过程的关系,可从下面角度理解。将 $[0, t]$ 时间段 n 等分,每小段时间的长度为 $\dfrac{t}{n}$,若每个小时间段内事件发生一次的概率近似为 $\dfrac{\lambda t}{n}$,不发生的概率近似为 $1 - \dfrac{\lambda t}{n}$,每个小时间段事件是否发生相互独立,则 n 个时间段内事件发生的总次数 N_n 服从 $B\left(n, \dfrac{\lambda t}{n}\right)$,由泊松定理知,当 $n \to \infty$ 时,$N(t) \sim P(\lambda t)$,即 $[0, t]$ 内事件发生的总次数 $N(t)$ 服从 $P(\lambda t)$。所以,可以认为泊松过程是贝努利过程时间的连续化过程,反之贝努利过程是泊松过程时间的离散化过程。

（三）新的定义

1. 贝努利过程

类似于定义 2,我们也可以这样定义贝努利过程。

定义 4 设 $X_1, X_2, \cdots, X_n \cdots$ 为随机变量序列,记 $N_n = \sum\limits_{k=1}^{n} X_k$,设 $N_0 = 0$。若 $\{N_n, n = 1, 2, \cdots\}$ 是独立增量过程,且 $N_{m+n} - N_m \sim B(n, p)$,那么,$\{X_n, n = 1, 2, \cdots\}$ 是参数为 p 的贝努利过程。

2. 泊松过程

类似于定义 1,我们也可以这样定义泊松过程。

定义 5　设计数过程 $\{N(t),\, t \geqslant 0\}$ 满足条件 $N(0) = 0$，若对任意的 $n \geqslant 3$，任意的 $0 \leqslant t_1 < t_2 < \cdots < t_n < \cdots < \infty$，$N(t_2) - N(t_1)$，$N(t_3) - N(t_2)$，$\cdots$，$N(t_n) - N(t_{n-1})$，$\cdots$ 相互独立且 $N(t_{i+1}) - N(t_i) \sim P(\lambda(t_{i+1} - t_i))$，$i = 1, 2, \cdots$，那么，称计数过程 $\{N(t),\, t \geqslant 0\}$ 是参数为 λ 的泊松过程，其中 $\lambda > 0$。

(四) 到达时间间隔过程

1. 贝努利过程

定义 6　设 $\{X_n,\, n = 1, 2, \cdots\}$ 是参数为 p 的贝努利过程，记第 n 次试验成功的到达时间和第 $n-1$ 次试验成功的到达时间间隔为 T_n。

性质 4　设 $\{T_n,\, n = 1, 2, \cdots\}$ 是参数为 p 的贝努利过程的到达时间间隔过程，则 T_n 服从参数为 p 的几何分布，记为 $T_n \sim Geo(p)$（即参数为 1，p 的帕斯卡分布，记为 $Pascal(1, p)$）。$\{T_n,\, n = 1, 2, \cdots\}$ 是独立过程、马尔科夫过程。且 $\mu_T(n) = \dfrac{1}{p}$，$\sigma_T^2(n) = \dfrac{1-p}{p^2}$，$C_T(m, n) = 0$，$R_T(m, n) = \dfrac{1}{p^2}$。

2. 泊松过程

定义 7　设 $\{N(t),\, t \geqslant 0\}$ 是参数为 λ 的泊松过程，记 T_n 为第 n 次与第 $n-1$ 次事件发生的间隔时间，$n = 1, 2, \cdots$。称 $\{T_n,\, n = 1, 2, \cdots\}$ 是参数为 λ 的泊松过程的到达时间间隔过程。

性质 5　设 $\{T_n,\, n = 1, 2, \cdots\}$ 是参数为 λ 的泊松过程的到达时间间隔过程，则 $T_n \sim E(\lambda)$（即参数为 1，λ 的爱尔朗分布，记为 $Erlang(1, \lambda)$，也即 $\Gamma(1, \lambda)$）。$\{T_n,\, n = 1, 2, \cdots\}$ 是独立过程、马尔科夫过程。且 $\mu_T(n) = \dfrac{1}{\lambda}$，$\sigma_T^2(n) = \dfrac{1}{\lambda^2}$，$C_T(m, n) = 0$，$R_T(m, n) = \dfrac{1}{\lambda^2}$。

定理 1　设 $\{T'_i,\, i = 1, 2, \cdots\}$ 是参数为 λ 的泊松过程的到达时间间隔过程，对时间段 $[0, t]$ n 等分，$\{T_i,\, i = 1, 2, \cdots\}$ 是参数为 $p_n = \dfrac{\lambda t}{n}$ 的贝努利过程的到达时间间隔过程，则 $T_1 \sim Geo(p_n)$，$T'_1 \sim E(\lambda t)$，$\lim\limits_{n \to \infty} P(T_1 > n) = P(T'_1 > t)$，对 T_i，T'_i，$i = 2, 3, \cdots$ 该式也成立。

证明　$\because P(T_i > n) = \displaystyle\sum_{i=n+1}^{\infty} p_n q_n^{i-1} = q_n^n = \left(1 - \dfrac{\lambda t}{n}\right)^n \to \mathrm{e}^{-\lambda t}$，　$n \to \infty$，

$$\therefore \lim_{n\to\infty} P(T_i > n) = P(T_i' > t)_{\circ}$$

（五）第 n 个事件的等待时间过程

1. 贝努利过程

定义 8 设 $\{X_n, n \geq 1\}$ 是参数为 p 的贝努利过程。对于任意正整数 n，用 W_n 表示第 n 次成功所需的等待时间。称 $\{W_n, n \geq 1\}$ 为贝努利过程的等待时间过程。

性质 6 设 $\{W_n, n \geq 1\}$ 是参数 p 的贝努利过程的等待时间过程，则 $W_n \sim$ $Pascal(n, p)$。令 $W_0 = 0$，$\{W_n, n \geq 0\}$ 是平稳独立增量过程、马尔科夫过程，且

$$E(W_n) = \frac{n}{p}, \quad D(W_n) = \frac{n(1-p)}{p^2}, \quad C_W(m, n) = \frac{\min(m, n)(1-p)}{p^2},$$

$$R_W(m, n) = \frac{\min(m, n)(1-p) + mn}{p^2}_{\circ}$$

2. 泊松过程

定义 9 设 $\{N(t), t \geq 0\}$ 是参数为 λ 的泊松过程，记 W_n 为第 n 次事件发生的时刻，$n = 1, 2, \cdots$，规定 $W_0 = 0$。称 $\{W_n, n \geq 0\}$ 为泊松过程的等待时间过程。

性质 7 设 $\{W_n, n \geq 0\}$ 是参数为 λ 的为泊松过程的等待时间过程，则 $W_n \sim$ $Erlang(n, \lambda)$（即 $\Gamma(n, \lambda)$）。$\{W_n, n \geq 0\}$ 是平稳独立增量过程、马尔科夫过程。且 $E(W_n) = \frac{n}{\lambda}$，$D(W_n) = \frac{n}{\lambda^2}$，$C_W(m, n) = \frac{\min(m, n)}{\lambda^2}$，$R_W(m, n) = \frac{\min(m, n) + mn}{\lambda^2}_{\circ}$

无论是贝努利过程还是泊松过程，它们的等待时间间隔 T_n 和等待时间 W_n，都有这样的关系：$T_n = \sum_{i=1}^{n}(W_i - W_{i-1})$，$n = 1, 2, \cdots$ $W_n = \sum_{i=1}^{n} T_i$，$n = 1, 2, \cdots$，它们有着相似的性质。两个随机过程 T_n 的分布是几何分布、指数分布，它们都具有无记忆性，都是 W_n 当 $n = 1$ 时的特殊分布，几何分布是帕斯卡分布的特例，指数分布是爱尔朗分布的特例。它们的数字特征也有相似之处。

（六）判定随机过程的充分必要条件

1. 贝努利过程

定理 2 设有随机序列 $\{X_n, n=1, 2, \cdots\}$，$X_i = \begin{cases} 0, & \text{第 } i \text{ 次试验失败} \\ 1, & \text{第 } i \text{ 次试验成功} \end{cases}$ 如果每次试验成功所需等待的时间间隔 $T_1, T_2, \cdots$。则随机序列 $\{X_n, n=1, 2, \cdots\}$ 是参数为 p 的贝努利过程的充要条件是 $T_1, T_2, \cdots$ 相互独立，且 $T_i \sim Geo(p)$，$i = 1, 2, \cdots$。

证明 充分性

$$P(X_1 = 1) = P(T_1 = 1) = p,$$

$$P(X_1 = 0) = P(T_1 > 1) = \sum_{i=2}^{\infty} pq^{i-1} = q,$$

即 $X_1 \sim B(1, p)$；

$$P(X_2 = 1 \mid X_1 = 1) = \frac{P(X_1 = 1, X_2 = 1)}{P(X_1 = 1)} = \frac{P(T_1 = 1, T_2 = 1)}{P(T_1 = 1)}$$

$$= P(T_2 = 1) = p,$$

$$P(X_2 = 1 \mid X_1 = 0) = \frac{P(X_1 = 0, X_2 = 1)}{P(X_1 = 0)} = \frac{P(T_1 = 2)}{P(X_1 = 0)} = p,$$

$$P(X_2 = 0 \mid X_1 = 1) = \frac{P(T_1 = 1, T_2 > 1)}{P(T_1 = 1)} = P(T_2 > 1) = q,$$

$$P(X_2 = 0 \mid X_1 = 0) = \frac{P(X_1 = 0, X_2 = 0)}{P(X_1 = 0)} = \frac{P(T_1 > 2)}{q} = \frac{q^2}{q} = q,$$

$$P(X_2 = i_2 \mid X_1 = i_1) = \begin{cases} p, & i_2 = 1, \\ q, & i_2 = 0 \end{cases} \text{与} \{X_1 = i_1\} \text{无关}, i_1 = 0, 1, \text{所以} X_1$$

与 X_2 相互独立且 $X_2 \sim B(1, p)$。

假定 $X_1, X_2, \cdots, X_{n-1}$ 独立同分布，且每一个 $X_i \sim B(1, p)$，$i = 1, 2, \cdots, n-1$。

$$P(X_n = i_n \mid X_1 = i_1, \cdots, X_{n-1} = i_{n-1})$$

$$= \frac{P(X_1 = i_1, \cdots, X_{n-1} = i_{n-1}, X_n = i_n)}{P(X_1 = i_1, \cdots, X_{n-1} = i_{n-1})},$$

设 $s_i = \min\{n: X_1 + \cdots + X_n = i\}$

$$P(X_n = 1 \mid X_1 = i_1, \cdots, X_{n-1} = i_{n-1})$$

$$= \frac{P\begin{bmatrix} T_1 = s_1, T_2 = s_2 - s_1, \cdots, T_{i_1+\cdots+i_{n-1}} = s_{i_1+\cdots+i_{n-1}} - s_{i_1+\cdots+i_{n-2}}, \\ T_n = s_{i_1+\cdots+i_n} - s_{i_1+\cdots+i_{n-1}} \end{bmatrix}}{P\begin{bmatrix} T_1 = s_1, T_2 = s_2 - s_1, \cdots, T_{i_1+\cdots+i_{n-1}} = s_{i_1+\cdots+i_{n-1}} - s_{i_1+\cdots+i_{n-2}}, \\ X_{s_{i_1+\cdots+i_{n-1}}+1} = 0, \cdots, X_{n-1} = 0 \end{bmatrix}}$$

$$= \frac{pq^{s_1-1} \cdot pq^{s_2-s_1-1} \cdot \cdots \cdot pq^{s_{i_1+\cdots+i_{n-1}} - s_{i_1+\cdots+i_{n-2}} - 1} \cdot pq^{n-s_{i_1+\cdots+i_{n-1}} - 1}}{pq^{s_1-1} \cdot pq^{s_2-s_1-1} \cdot \cdots \cdot pq^{s_{i_1+\cdots+i_{n-1}} - s_{i_1+\cdots+i_{n-2}} - 1} \cdot q^{n-1-s_{i_1+\cdots+i_{n-1}}}} = p;$$

$$P(X_n = 0 \mid X_1 = i_1, \cdots X_{n-1} = i_{n-1})$$

$$= \frac{P\begin{bmatrix} T_1 = s_1, T_2 = s_2 - s_1, \cdots, T_{i_1+\cdots+i_{n-1}} = s_{i_1+\cdots+i_{n-1}} - s_{i_1+\cdots+i_{n-2}}, \\ T_n > n - s_{i_1+\cdots+i_{n-1}} \end{bmatrix}}{P\begin{bmatrix} T_1 = s_1, T_2 = s_2 - s_1, \cdots, T_{i_1+\cdots+i_{n-1}} = s_{i_1+\cdots+i_{n-1}} - s_{i_1+\cdots+i_{n-2}}, \\ X_{s_{i_1+\cdots+i_{n-1}}+1} = 0, \cdots, X_{n-1} = 0 \end{bmatrix}}$$

$$= \frac{pq^{s_1-1} \cdot pq^{s_2-s_1-1} \cdot \cdots \cdot pq^{s_{i_1+\cdots+i_{n-1}} - s_{i_1+\cdots+i_{n-2}} - 1} \cdot q^{n-s_{i_1+\cdots+i_{n-1}}}}{pq^{s_1-1} \cdot pq^{s_2-s_1-1} \cdot \cdots \cdot pq^{s_{i_1+\cdots+i_{n-1}} - s_{i_1+\cdots+i_{n-2}} - 1} \cdot q^{n-1-s_{i_1+\cdots+i_{n-1}}}} = q_{\circ}$$

X_1, X_2, $\cdots$, X_n, $\cdots$ 独立同分布，且每一个 $X_i \sim B(1, p)$，$i = 1, 2, \cdots, n\cdots$ 即随机序列 $\{X_n, n = 1, 2, \cdots\}$ 是参数为 p 的贝努利过程。

必要性 证明见参考文献[1]中 27～28 页。

定理 3 设有随机序列 $\{X_n, n = 1, 2, \cdots\}$，$X_i = \begin{cases} 0, & \text{第 } i \text{ 次试验失败} \\ 1, & \text{第 } i \text{ 次试验成功} \end{cases}$。

如果每次试验成功所需的等待时间 W_1, W_2, $\cdots$ 是独立增量过程，且 $W_{m+n} - W_m \sim Pascal(n, p)$，则随机序列 $\{X_n, n = 1, 2, \cdots\}$ 是参数为 p 的贝努利过程。

证明 充分性

因为 W_1, W_2, $\cdots$ 是独立增量过程，且 $W_{m+n} - W_m \sim Pascal(n, p)$，所以 $T_1 = W_1$，$T_2 = W_2 - W_1$，$\cdots$，$T_n = W_n - W_{n-1}$，$\cdots$ 相互独立且都服从 $Pascal(1, p)$ 即 $Geo(p)$，由定理 2 知 $\{X_n, n = 1, 2, \cdots\}$ 是参数为 p 的贝努利过程。

必要性 由定理 2 可证。

定义 1、定义 4 及定理 2、定理 3 表明，贝努利过程描述的随机模型，可从四个角度来看，独立的两点分布随机序列，增量平稳、增量独立的二项分布随机序列，独立的几何分布随机序列，增量平稳、增量独立的 $Pascal$ 分布随机序列。它们描述了同一个随机过程，只是角度不同，分别是从过程本身，过程增量，到达时间间隔过程，到达时间过程角度来看。前两者是从事件的计数角度,后两者从事件到达时刻角度,这就像一个镜子的正反两面一样,虽然角度各不相同,但都刻画了同一个随机模型。

2. 泊松过程

定理 4　如果每次事件发生的等待时间间隔 T_1, T_2, … 相互独立,且服从同一参数为 λ 的指数分布,则相应的计数过程 $\{N(t), t \geqslant 0\}$ 是参数为 λ 的泊松过程。

证明　见参考文献[1]38 页。

定理 5　如果每次事件发生所需的等待时间 W_1, W_2, …。则相应的计数过程 $\{N(t), t \geqslant 0\}$ 是参数为 λ 的泊松过程的充要条件是 W_1, W_2, … 为平稳独立增量过程,且 $W_{m+n} - W_m \sim Erlang(\lambda, n)$。

证明　与定理 3 的证明类似。

定义 2、定义 5 及定理 4、定理 5 表明,泊松过程描述的随机模型,也可从四个角度来看,增量平稳、增量独立的泊松分布随机过程,独立的泊松分布随机过程,平稳、独立的指数分布随机过程,增量平稳、独立的 Erlang 分布随机过程。它们描述了同一个随机过程,只是角度不同,分别是从过程本身,过程增量,到达时间间隔过程,到达时间过程角度来看。前两者是从事件计数角度,后两者从事件到达时刻角度,这就像一个镜子的正反两面一样,虽然角度各不相同,但也都刻画了同一个随机模型。

(七) 随机分流定理

1. 贝努利过程

定理 6　设有随机序列 $\{X_n, n = 1, 2, \cdots\}$ 是参数为 p 的贝努利过程,记 $X_i = \begin{cases} 0, & \text{第 } i \text{ 次试验失败} \\ 1, & \text{第 } i \text{ 次试验成功} \end{cases}$。若试验成功后被随机的分成 m 类,概率分别为 p_1, p_2, $\cdots$, p_m,且 $\sum\limits_{i=1}^{m} p_i = 1$。记 $Y_n^{(i)} = \begin{cases} 1, & \text{第 } n \text{ 次试验成功且被归为第 } i \text{ 类}, \\ 0, & \text{否则}, \end{cases}$　$n = 1$, $2, \cdots$, $i = 1, 2, \cdots, m$。则有,$\{Y^{(i)}(t), t \geqslant 0\}$ 是一个强度为 $p \cdot p_i$ 的贝努利过程,$i = 1, 2, \cdots, m$。

证明　设 $Z_n^{(i)} = \begin{cases} 1, & \text{第 } n \text{ 次试验被归为第 } i \text{ 类}, \\ 0, & \text{否则}, \end{cases}$ 则 $Y_n^{(i)} = X_n \cdot Z_n^{(i)}$,

$$P(Y_n^{(i)} = 1) = P(X_n = 1, Z_n^{(i)} = 1)$$
$$= P(X_n = 1)P(Z_n^{(i)} = 1 | X_n = 1) = p \cdot p_i,$$

$$P(Y_n^{(i)} = 0) = P(X_n = 1, Z_n^{(i)} = 0) + P(X_n = 0, Z_n^{(i)} = 0)$$
$$= P(X_n = 1)P(Z_n^{(i)} = 0 \mid X_n = 1) + P(X_n = 0)P(Z_n^{(i)} = 0 \mid X_n = 0)$$
$$= p \cdot (1 - p_i) + q \cdot 1 = 1 - p \cdot p_i。$$

由 $\{X_n, n = 1, 2, \cdots\}$ 及 $\{Z_n^{(i)}(t)\}$ 是独立过程，可得 $\{Y_n^{(i)}(t)\}$ 也是独立过程，得证。

2. 泊松过程

定理 7　设 $\{N(t), t \geqslant 0\}$ 是强度为 λ 的泊松过程，$N(t)$ 表示 $[0, t]$ 内到达的事件数。若事件到达后被随机的分成 m 类，概率分别为 p_1，p_2，$\cdots$，p_m，且 $\sum\limits_{i=1}^{m} p_i = 1$。记 $Y^{(i)}(t)$ 表示 $[0, t)$ 内被标记为第 i 类的事件个数，$i = 1, 2, \cdots, m$。则有，$\{Y^{(i)}(t), t \geqslant 0\}$ 是强度为 λp_i 的泊松过程，$i = 1, 2, \cdots, m$。

证明　$Y^{(i)}(t) = \sum\limits_{j=1}^{N(t)} X_j^{(i)}$，$X_j^{(i)} = \begin{cases} 1, & \text{第 } j \text{ 个到达的事件被归为第 } i \text{ 类}, \\ 0, & \text{否则}, \end{cases}$

$\{Y^{(i)}(t)\}$ 是复合泊松过程，所以是平稳独立增量过程，对于 $k = 0, 1, 2, \cdots$，由全概率公式得到

$$P(Y^{(i)}(t+a) - Y^{(i)}(a) = k)$$
$$= \sum_{j=k}^{\infty} P(N(t+a) - N(a) = j)$$
$$\cdot P(Y^{(i)}(t+a) - Y^{(i)}(a) = k \mid N(t+a) - N(a) = j)$$
$$= \sum_{j=k}^{\infty} \frac{(\lambda t)^j}{j!} e^{-\lambda t} C_j^k p_j^k (1-p_j)^{j-k}$$
$$= \frac{e^{-\lambda t}(\lambda t)^k p_j^k}{k!} \sum_{j=k}^{\infty} \frac{[\lambda t(1-p_j)]^{j-k}}{(j-k)!}$$
$$= \frac{e^{-\lambda t}(\lambda p_j t)^k}{k!} e^{\lambda t(1-p_j)} = \frac{(\lambda p_j t)^k}{k!} e^{-\lambda p_j t}。$$

得证。

（八）一些结论

1. 泊松过程

定理 8[2]　设 $\{N(t), t \geqslant 0\}$ 是参数为 λ 的泊松过程，$\{T_n, n = 1, 2, \cdots\}$ 是其等待时间间隔过程。则有

(1) 对于 $s \leqslant t$，有 $P\{T_1 \leqslant s \mid N(t) = 1\} = \dfrac{s}{t}$，即 $T_1 \mid N_1(t) = 1 \sim R(0, t)$；

(2) $(N(s) \mid N(t) = n) \sim B\left(n, \dfrac{s}{t}\right)$；

(3) $f_{(W_1, W_2, \cdots, W_n) \mid N(t)}(t_1, t_2, \cdots, t_n \mid n) = \begin{cases} \dfrac{n!}{t^n}, & 0 \leqslant t_1 < t_2 < \cdots < t_n \leqslant t \\ 0, & \text{其余} \end{cases}$；

(4) $F_{W_n \mid N(t)}(s \mid n) = \begin{cases} \left(\dfrac{s}{t}\right)^n, & s \leqslant t \\ 1, & s > t \end{cases}$；

(5) $P(W_n \leqslant s, N(t) = n) = \begin{cases} \dfrac{(\lambda s)^n}{n!} e^{-\lambda t}, & s \leqslant t \\ 0, & s > t \end{cases}$。

注 定理 9 表明：

(1) 在 $[0, t]$ 内事件到达一次的条件下，事件在 $[0, s]$ 内达到的条件分布是 $[0, t]$ 上的均匀分布，究其原因泊松过程具有平稳独立增量性，某时间段内达到的事件数只和 λ 及时间段的长度成正比，为 $\dfrac{\lambda s}{\lambda t} = \dfrac{s}{t}$。

(2) 在 $[0, t]$ 内，事件到达 n 次的条件下，事件在 $[0, s]$ 内到达次数的条件分布是 $B\left(n, \dfrac{s}{t}\right)$。事件发生了 n 次，相当于做了 n 重贝努利试验，在 $[0, s]$ 内到达即为"成功"，$(s, t]$ 内到达为"失败"，因泊松过程有平稳独立增量性，所以每次成功的概率和时间长度成正比为 $\dfrac{s}{t}$，每次"成功"与否相互独立，因此"成功"次数的条件分布即为二项分布。

(3) 在 $N(t) = n$ 条件下，泊松过程的到达时间序列的联合分布同均匀分布的次序统计量的分布。即若有 $\tau_1, \tau_2, \cdots, \tau_n$ 相互独立且 $\tau_i \sim R(0, t)$，$i = 1, 2, \cdots$，n，在 $N(t) = n$ 条件下，$(W_1, W_2, \cdots, W_n)$ 的分布同均匀分布的次序统计量 $(\tau_{(1)}, \tau_{(2)}, \cdots, \tau_{(n)})$ 的分布。这仍然是泊松过程平稳独立增量性的深刻反映。

2. 贝努利过程

定理 9 设 $\{X_n, n = 1, 2, \cdots\}$ 是参数为 p 的贝努利过程，$\{N_n, n = 1, 2, \cdots\}$ 与 $\{T_n, n = 1, 2, \cdots\}$ 分别是其前 n 项部分和过程和等待时间间隔过程。

(1) $P(T_1 \leqslant s \mid N_m = 1) = \dfrac{s}{m}$，即 $T_1 \mid N_m = 1 \sim \{1, 2, \cdots, m\}$ 上的离散型

均匀分布；

（2）$P_{N_s \mid N_m}(k \mid n) = P(N_s = k \mid N_m = n) = \dfrac{C_s^k C_{m-s}^{n-k}}{C_m^n}$，即 $N_s \mid N_m = n \sim$

$Hypegeo(m, s, n)$；

（3）$P(W_1 = s_1, W_2 = s_2, \cdots, W_n = s_n \mid N_m = n) = \dfrac{1}{C_m^n}$，$1 \leqslant s_1 < s_2 < \cdots <$

$s_n \leqslant m$；

（4）$P(W_n = s \mid N_m = n) = \dfrac{C_{s-1}^{n-1}}{C_m^n}$，$s = 1, 2, \cdots, n$。

证明 （1）$P(T_1 \leqslant s \mid N_m = 1) = \dfrac{P(T_1 \leqslant s, N_m = 1)}{P(N_m = 1)} = \dfrac{C_s^1 p q^{s-1} q^{m-s}}{C_m^1 p q^{m-1}} = \dfrac{s}{m}$；

（2）$P(N_s = k \mid N_m = n) = \dfrac{P(N_s = k, \mid N_m = n)}{P(\mid N_m = n)} = \dfrac{C_s^k p^k q^{s-k} C_{m-s}^{n-k} p^{n-k} q^{m-s-n+k}}{C_m^n p^n q^{m-n}}$

$\qquad = \dfrac{C_s^k C_{m-s}^{n-k}}{C_m^n}$；

（3）$P(W_1 = s_1, W_2 = s_2, \cdots, W_n = s_n \mid N_m = n)$

$\qquad = \dfrac{p q^{s_1-1} \cdot p q^{s_2-s_1-1} \cdot \cdots \cdot p q^{s_n-s_{n-1}-1} q^{m-s_n}}{C_m^n p^n q^{m-n}}$

$\qquad = \dfrac{1}{C_m^n}$，$1 \leqslant s_1 < s_2 < \cdots < s_n \leqslant n$；

（4）$P(W_n = s \mid N_m = n) = \dfrac{C_{s-1}^{n-1} p^n q^{s-n} \cdot q^{m-s}}{C_m^n p^n q^{m-n}} = \dfrac{C_{s-1}^{n-1}}{C_m^n}$，$s = 1, 2, \cdots, n$。

分析定理 8 与定理 9 可以得到，泊松过程与贝努利过程有着千丝万缕的联系。

（1）在某时刻事件已"成功"或"到达"一次的条件下，事件到达时刻服从均匀分布；

（2）在某 t 或 m 时刻事件已"成功"或"到达" n 次的条件下，s 时刻事件"成功"或"到达"的次数前者服从二项分布 $B\left(n, \dfrac{s}{t}\right)$，后者服从超几何分布 $Hypegeo(m,$

$s, n)$，虽然有所不同，但是 $\lim\limits_{m \to \infty} \dfrac{C_s^k C_{m-s}^{n-k}}{C_m^n} = C_n^k \left(\dfrac{s}{m}\right)^k \left(1 - \dfrac{s}{m}\right)^{n-k}$。

（3）在 $N(t) = n$ 条件下，泊松过程的到达时间序列的联合分布同均匀分布的次序统计量的分布。在 $N_m = n$ 条件下，贝努利过程的到达时间的联合分布和离散型均匀分布的无放回抽样的次序统计量的分布相同。

（4）在 $N(t) = n$ 条件下，泊松过程事件 $[0, t]$ 到达 n 次条件下第 n 次的到达时刻的密度函数为 $f_{W_n \mid N(t)}(s \mid n) = n\dfrac{s^{n-1}}{t^n}I_{[0, t]}(s)$；在 $N_m = n$ 条件下，贝努利过程事件在前 m 次试验已到达 n 次条件下第 n 次的到达时刻的概率函数为 $\dfrac{C_{s-1}^{n-1}}{C_m^n}$。

三、实验案例　贝努利过程

（一）实验案例准备

（1）理解贝努利过程定义、样本曲线定义、均值函数定义、协方差函数定义；

（2）掌握均值函数估计值、方差函数估计值的计算方法；

（3）平稳过程的各态历经性定义，掌握平稳过程具有各态历经性时，怎样计算均值函数和协方差函数的估计值；

（4）了解贝努利过程的衍生过程到达时间序列和达到时间间隔序列的定义、性质。

（二）实验案例问题

已知某流水线上产品生产状况稳定（各产品之间质量情况相互独立），记

$$X_n = \begin{cases} 1, & \text{第 } n \text{ 件产品是次品，} \\ 0, & \text{第 } n \text{ 件产品是正品。} \end{cases}$$

$X_n \sim B(1, 0.02)$，则 $\{X_n, n \geq 1\}$ 是一个参数为 0.02 的贝努利过程。

（1）根据贝努利过程的定义，产生 $\{X_n, n \geq 1\}$ 的一条样本曲线；

（2）产生 10 000 条贝努利过程 $\{X_n, n \geq 1\}$ 的样本曲线，计算得到贝努利过程的均值函数估计值，方差函数的估计值，并画图；做出贝努利过程的理论均值函数与理论方差函数的图像，与实际均值函数、方差函数估计值图像对比；

（3）假定贝努利过程是各态历经的平稳过程，由其一条样本曲线计算时间均值函数和时间协方差函数的估计值。和（2）的结果对比，说明贝努利过程是否是具有各态历经性？为什么？

（4）对任意一个正整数 n，记第 n 个次品出现的时刻为 W_n，W_n 也表示到第 n 次成功出现时的总试验次数。W_n 服从参数为 n，p 的巴斯加（Pascal）分布。检验 $W_2 \sim Pascal(2, 0.02)$，由（2）产生的 10 000 条样本曲线，得到 10 000 个 W_2 的观

测值，检验其是否服从 $Pascal(2，0.02)$ 分布，并计算 $E(W_2)$、$D(W_2)$ 的估计值，与理论值对比；

（5）记 $T_1 = W_1$，$T_n = W_n - W_{n-1}$，$n \geqslant 2$，T_n 表示第 $n-1$ 次成功到第 n 次成功出现时的试验次数。则 $\{T_n，n \geqslant 1\}$ 是独立过程且服从参数为 p 的几何分布。由（2）产生的 10 000 条样本曲线，得到 10 000 个 T_1，T_2，T_3 的观测值，检验它们服从 $Geo(0.02)$ 分布且相互独立，并计算 $E(T_2)$、$D(T_2)$ 的估计值，与理论值对比。

（三）实验案例预期

（1）加深对理解贝努利过程定义、样本曲线定义、均值函数定义、协方差函数定义；

（2）掌握均值函数估计值、方差函数估计值的计算方法。

四、实验案例　泊松过程

（一）实验案例背景

理解泊松过程的定义 2、定义 $2'$、定义 5、定理 4 和定理 5。

（二）实验案例问题

假设某理发店下午 7:00—8:00 到达的顾客数 $N(t)$ 是强度为 $\lambda = 10$ 的泊松过程。

（1）根据泊松过程的定义，产生 $N(t)$ 的一条样本曲线；

（2）由定理计数过程 $\{N(t)，t \geqslant 0\}$ 中任意相继出现的两个质点的点间间距是独立过程 $\{T_n，n \geqslant 1\}$，且每一个 T_n 都服从参数为 λ 的指数分布，那么，$N(t)$ 是强度为 λ 的泊松过程，产生泊松过程的一条样本曲线；

（3）产生 10 000 条泊松过程的样本曲线，计算得到泊松过程的均值函数估计值，方差函数的估计值；

（4）对任意一个正整数 n，记第 n 个顾客达到的时刻为 W_n，W_n 也表示到第 n 个质点出现的等待时间。W_n 服从参数为 λ，n 的爱尔朗（$Erlang$）分布。检验 $W_2 \sim Erlang(10，2)$，由（2）产生的 10 000 条样本曲线，得到 10 000 个 W_2 的观测值，检验其是否服从 $W_2 \sim Erlang(10，2)$ 分布，并计算 $E(W_2)$，$D(W_2)$ 的估计值，与理论值对比；

（6）记 $T_1 = W_1$，$T_n = W_n - W_{n-1}$，$n \geqslant 2$，T_n 表示第 $n-1$ 顾客到达与第 n 个

顾客达到的时间间隔。则 $\{T_n, n \geqslant 1\}$ 是独立过程且服从参数为 λ 的指数分布。由(2)产生的 10 000 条样本曲线,得到 10 000 个 T_1,T_2,T_3 的观测值,检验它们服从 $E(10)$ 分布且相互独立,并计算 $E(T_2)$,$D(T_2)$ 的估计值,与理论值对比。

(三) 实验案例预期

理解、掌握泊松过程的定义及性质。

五、总结

工科研究生随机过程教学中,对重要随机过程的介绍安排在教材的前面,更好的理解这些随机过程将为后面的学习打下良好的开端。为此,本文着重对比分析了贝努利过程与泊松过程的相似之处,同时设计了两个案例,使学生能够深入思考,进而提高自我学习能力。

参 考 文 献

［1］何迎晖,钱伟民.随机过程简明教程[M].上海:同济大学出版社,2004.
［2］龚光鲁,钱敏平.应用随机过程教程[M].北京:清华大学出版社,2004.

随机事件独立性的一些认识

王勇智[①]　花　虹[②]

（同济大学数学系）

摘　要：大学工科概率统计教学中学生往往对事件的独立性不能有很好的掌握，本文总结随机事件独立性的结论，给出更为直观的判别两个随机事件相互独立的充要条件，分析三个随机事件相互独立必须满足的各个条件的作用。讨论了随机事件之间两个重要关系相互独立和互不相容的区别与联系，以及事件独立性在实际中的应用。同时从新的角度分析了独立随机变量和事件的独立性之间的联系。

关键词：随机事件　相互独立　两两独立　互不相容　独立试验概型

Abstract：In the teaching of engineering Probability and Statistics, students often cannot have a good grasp of the concept of events independent. So we summarize the conclusions of the independence of random events. And give new necessary and sufficient conditions for two independent events. We also analyze the role of the conditions which three mutually independent random events must meet. There are two important relationships between random events which are mutually independent and mutually exclusive. The differences and connections of them and the application of independent are discussed. At the same time, we analyze the link of independent random variables and independent events from a new perspective.

Keywords：random events, mutually independent, pairwise independence, mutually exdusive, the independent trials.

一、引言

概率论中有许多独立性定义，如随机事件的独立性、随机变量的独立性、独立试验概型等。但这些定义的出发点是一样的，都可归结为随机事件的独立性。随

---

①　王勇智，同济大学数学系，18917193104，yzwang@tongji.edu.cn

②　花虹，同济大学数学系，13621880880，huahong@tongji.edu.cn

机事件相互独立是事件关系中一个重要的概念,随机变量相互独立、独立试验概型都是这一概念的延伸,学好随机事件独立性对于理解概率论中独立性这一独特概念至关重要。

在教学中,大学工科学生不能很好地理解事件相互独立的含义,同时容易混淆事件相互独立与互不相容这两个概念。针对这些问题,本文着重分析了三个事件相互独立的各个条件,使学生掌握、理解事件相互独立的深刻内涵,同时讨论了相互独立与互不相容的区别与联系,独立随机变量和事件的独立性之间的联系为后面课程的学习打下良好的开端。

二、两个随机事件相互独立

(一) 两个随机事件相互独立的充要条件

定义 1[1]　设 A, B 为任意两个随机事件,如果等式

$$P(AB) = P(A)P(B) \tag{1}$$

成立,那么称事件 A 与 B 相互独立。

表面上看等式(1)成立,和我们直观理解的事件相互独立有差别,那么这个等式成立时,为什么我们称两个事件相互独立呢? 因为,对式(1)稍加变形有下列结论。

定理 1　如果 $P(A) > 0$,那么事件 A 与 B 相互独立的充要条件是

$$P(B \mid A) = P(B), \tag{2}$$

如果 $P(B) > 0$,那么事件 A 与 B 相互独立的充要条件是

$$P(A \mid B) = P(A)。 \tag{3}$$

由定理 1 知当 $P(A) > 0$ 时,A 与 B 相互独立意味着 B 的无条件概率等于在事件 A 发生条件下的条件概率,即事件 A 的发生对 B 的概率不产生"影响",这里的影响是指概率上的影响,而不是指 A 的发生对 B 的发生与否不产生"影响"。它是指范围限定在样本空间上与限定在事件 A 上对事件 B 的概率无影响。因而,当 $P(A \mid B) = P(A)$ 时,A 与 B 独立。

由上述分析可知,判别两个事件相互独立可通过验证定义 1 中(1)式是否成立,亦可通过验证定理 1 中式(2)、式(3)是否成立判定,它们各有优缺点。

使用定义 1 的优点:

(1) 式(1)关于 A 与 B 是对称的,由此直观看出独立是指相互独立;

(2) 式(1)便于验证独立是否成立；

(3) 不受条件 $P(A) > 0$ 的限制，对所有的事件都可用式(1)验证是否相互独立。

缺点是，直观含义不明显。

使用定理 1 的优点是直观含义明确，与对两个事件相互独立的直观理解相吻合，缺点是：

(1) 受条件 $P(A) > 0$ 的限制；

(2) 验证式(2)、式(3)是否成立，还是要计算 $P(AB)$，才能得到条件概率 $P(A \mid B)$，使用不方便。

（二）实际应用中判定事件相互独立的方法

实际应用中，我们用直观方法来判定事件是否独立。

例 1 某厂生产的商品合格率为 99%，随机销往甲、乙两个城市。显然，销往甲城商品合格率也为 99%。设事件 A 表示"商品销往甲城"，事件 B 表示"商品为合格品"，有

$$P(B|A) = P(B) = 99\%,$$

商品销往的城市对产品的质量没有概率上的影响，因而事件 A 与 B 相互独立。

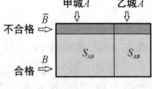

图 1　事件 A 与 B 的关系

我们也可从维恩图几何概型的角度来看例 1 中事件相互独立的含义，由图 1 得：

$$\frac{S_{AB}}{S_A} = \frac{S_{\overline{A}B}}{S_{\overline{A}}} = \frac{S_B}{S_\Omega},$$

$$P(B|A) = P(B|\overline{A}) = P(B) = 99\%。$$

产品的质量不因销往的城市而发生改变，因而，事件 A 与 B 相互独立。

（三）一些结论

结论 1 (1) 如果 $P(A) = 0$，那么事件 A 与任意事件 B 相互独立；

(2) 如果 $P(A) = 1$，那么事件 A 与任意事件 B 相互独立。

证明 (1) 因为 $P(A) = 0$，对任意事件 B，有 $P(AB) = P(A)P(B) = 0$，所以事件 A 与任意事件 B 相互独立。

(2) $\because P(A) = 1, \therefore P(\overline{A}) = 0$，对任意事件 B 有

$$P(AB) = P(B) - P(\overline{A}B) = P(B) - P(\overline{A})P(B) = P(A)P(B),$$

即 A 与 B 相互独立。

结论 2 若事件 A 和 A 本身相互独立,那么 $P(A) = 0, 1$。

证明 因为事件 A 和 A 本身独立,所以 $P(A) = P(A \bigcap A) = P(A)P(A)$,即 $P(A) = (P(A))^2$,得 $P(A) = 0, 1$。

(四) 判定事件相互独立的其它充要条件

定理 2 下列四个命题是等价的:

(i) 事件 A 与 B 相互独立; (ii) 事件 A 与 $\overline{B}$ 相互独立;

(iii) 事件 $\overline{A}$ 与 B 相互独立; (iv) 事件 $\overline{A}$ 与 $\overline{B}$ 相互独立。

定理 3 如果 $0 < P(A), P(B) < 1$,那么事件 A 与 B 相互独立的充要条件是下面任一个等式成立:

$$
\begin{aligned}
&P(B \mid A) = P(B), P(B \mid \overline{A}) = P(B), \\
&P(\overline{B} \mid A) = P(\overline{B}), P(\overline{B} \mid \overline{A}) = P(\overline{B}), \\
&P(A \mid B) = P(A), P(A \mid \overline{B}) = P(A), \\
&P(\overline{A} \mid B) = P(\overline{A}), P(\overline{A} \mid \overline{B}) = P(\overline{A})。
\end{aligned} \tag{4}
$$

由定理 3 得下面定理。

定理 4 如果 $0 < P(A), P(B) < 1$,那么事件 A 与 B 相互独立的充要条件是下面任一个等式成立,

$$
\begin{aligned}
&P(A \mid B) = P(A \mid \overline{B}), P(\overline{A} \mid B) = P(\overline{A} \mid \overline{B}), P(B \mid A) \\
&= P(B \mid \overline{A}), P(\overline{B} \mid \overline{A}) = P(\overline{B} \mid A)。
\end{aligned} \tag{5}
$$

定理 4 可解释为,事件 A 与 B 相互独立,即 B 发生或 $\overline{B}$ 发生对 A 发生的概率不产生影响,也即 B 发生与否对 A 发生的概率不产生影响;由于 A 与 B 地位对等,也有 A 发生与否对 B 发生的概率不产生影响。

例 2 如果 $0 < P(B) < 1$,且 $P(A \mid B) + P(\overline{A} \mid \overline{B}) = 1$,那么有 ( )。

(1) A 与 B 互不相容   (2) A 与 B 相容

(3) A 与 B 不独立   (4) A 与 B 相互独立

解 因为 $P(A \mid B) + P(\overline{A} \mid B) = 1$,而 $P(A \mid B) + P(\overline{A} \mid \overline{B}) = 1$,所以 $P(\overline{A} \mid B) = P(\overline{A} \mid \overline{B})$,由定理 4 知选择 (4)。

定义 2 设 S_1 和 S_2 为两个大小分别为 m_1 和 m_2 事件集,若对任意的 $A_{1i} \in S_1$, $i = 1, 2, \cdots, m_1$ 和任意的 $A_{2j} \in S_2$, $j = 1, 2, \cdots, m_2$,都有 A_{1i} 和 A_{2j} 相互独立,则称事件集 S_1 和 S_2 相互独立。

定理 5 事件 A 与 B 相互独立的充要条件是,A 产生的 σ 域 $\sigma(A)$ 与 B 产生的 σ 域 $\sigma(B)$ 相互独立。

证明 由结论 1 和定理 2 得，当 A 与 B 相互独立时，$\sigma(A) = \{\Omega, \Phi, A, \overline{A}\}$ 中的每个事件与 $\sigma(B) = \{\Omega, \Phi, B, \overline{B}\}$ 中每个事件相互独立，所以 $\sigma(A)$ 和 $\sigma(B)$ 相互独立。反之也成立。

三、三个事件相互独立

（一）三个事件相互独立的定义

定义 3 对于任意三个事件 A，B，C，如果四个等式

$$P(AB) = P(A)P(B), \tag{6}$$

$$P(BC) = P(B)P(C), \tag{7}$$

$$P(CA) = P(C)P(A), \tag{8}$$

$$P(ABC) = P(A)P(B)P(C) \tag{9}$$

都成立，那么称事件 A，B，C 相互独立。

如果 A，B，C 只满足等式(6)、式(7)、式(8)，称 A，B，C 两两独立，这时 A，B，C 不是相互独立的。

例 3 口袋中有的八个球，它们上面编了号码 1 至 8，其中 1，2，3，4 号球上涂有红色，1，2，5，6 号球上涂有白色，1，2，7，8 号球上涂有黑色。设事件 A 为"球上涂有红色"，事件 B 为"球上涂有白色"，事件 C 为"球上涂有黑色"。计算得

$$P(A) = P(B) = P(C) = \frac{1}{2}, \ P(AB) = P(BC) = P(CA) = \frac{1}{4},$$

$$P(ABC) = \frac{1}{4}, \ P(AB) = P(A)P(B), \ P(BC) = P(B)P(C),$$

$$P(CA) = P(C)P(A), \ P(ABC) \neq P(A)P(B)P(C)。$$

式(6)、式(7)、式(8)成立，式(9)不成立，事件 A，B，C 两两独立，但不相互独立。

若 A，B，C 只满足等式(9)，也不能称事件 A，B，C 相互独立。

例 4 口袋中有的十个球，它们上面编了号码 0 至 9，其中 0，1，2，3，4 号球上涂有红色，0，5，6，7 号球上涂有白色，0，6，7，8，9 号球上涂有黑色。设事件 A 为"球上涂有红色"，事件 B 为"球上涂有白色"，事件 C 为"球上涂有黑色"。计算得

$$P(A) = \frac{1}{2}, \ P(B) = \frac{2}{5}, \ P(C) = \frac{1}{2}, \ P(AB) = \frac{1}{10},$$

$$P(BC) = \frac{3}{10}, \quad P(CA) = \frac{1}{10}, \quad P(ABC) = \frac{1}{10},$$

$$P(AB) \neq P(A)P(B), \quad P(BC) \neq P(B)P(C), \quad P(CA) \neq P(C)P(A),$$

但是式(9)成立。此时,事件 A, B, C 既不相互独立,也不两两独立。

那么式(9)究竟有什么含义呢?为了更清楚了解式(6)—(9)的作用,进行如下分析:

在满足式(6)、式(7)、式(8)的前提下,并且式(9)也成立时,才会有 B 与 C "联合"在一起和 A 相互独立,同理 C 与 A "联合"在一起与 B 相互独立,A, B "联合"在一起与 C 相互独立。即 $\sigma(A)$ 与 $\sigma(B, C)$、$\sigma(B)$ 与 $\sigma(C, A)$、$\sigma(C)$ 与 $\sigma(A, B)$ 之间相互独立。用等式表达有

$$P(A \mid (B \cup C)) = P(A), \quad P(A \mid (BC)) = P(A), \quad P(A \mid (B - C)) = P(A),$$
$$P(A \mid (\overline{B}\,\overline{C})) = P(A), \quad P(A \mid \overline{(BC)}) = P(A)。$$

这表明事件 B 与 C 无论经过怎样运算(经过有限次和、积、差、逆的运算)得到的新事件作为一个整体,都与 A 相互独立。

(二)三个事件相互独立所需条件等式的分析

为了更清楚地看到三个事件相互独立所需满足的条件式(6)—式(9)的作用,进行如下分析:

(1) 若仅式(6)成立,则下列等式①—⑥都不成立;

(2) 若式(6)、式(9)成立,则仅有①成立;

(3) 若式(6)、式(7)成立,则等式①—⑥都不成立;

(4) 若式(6)、式(7)、式(9)成立,则①、②成立;

(5) 若式(6)、式(7)、式(8)成立,则等式①—⑥都不成立;

(6) 若式(6)、式(7)、式(8)、式(9)都成立,则①—⑥都成立;

(7) 若仅式(9)成立,则都不成立;

① $P(C \mid AB) = P(C)$,② $P(A \mid BC) = P(A)$,③ $P(B \mid AC) = P(B)$,

④ $P(C \mid A \cup B) = P(C)$,⑤ $P(A \mid B \cup C) = P(A)$,⑥ $P(B \mid A \cup C) = P(B)$。

得到如下结论:

(Ⅰ)由(1),(3),(5)说明只要式(9)不成立,三个事件中任两个"联合"在一起和第三事件都不相互独立;

(Ⅱ)对比(5),(6),说明三个事件两两独立时,任两个"联合"在一起和第三事件都是不独立的;

（Ⅲ）由（7）得，仅式（9）成立，三个事件即不两两独立，也没有任两个"联合"在一起和第三事件是独立的；

（Ⅳ）综上所述可得，三个事件相互独立，隐含了三个事件中任意两个事件"联合"在一起与第三事件是相互独立的事实，而这种"联合"方式可以是任意的，可以经过任意运算后与三个事件独立，可以是 BC，$B \bigcup C$，$B-C$，$\overline{B}\,\overline{C}$，$\overline{BC}$，它们与 A 都独立，即 A 与包含 B 与 C 的最小 σ 域相互独立。

（Ⅴ）若要三个事件中任意两个事件"联合"在一起与第三事件都是相互独立的，仅满足两两独立是不够的，还必须满足式（9）。由此可以看出式（9）给出了当（6），（7），（8）成立（即两两独立成立）时，两个事件合为一体时与第三个事件相互独立所必须满足的条件。

（三）三个事件相互独立的充要条件及性质

定理 6 （1）事件 A_1，A_2，A_3 相互独立时，$\sigma(A_i)$ 与 $\sigma(A_j)$ 相互独立，$1 \leqslant i < j \leqslant 3$；（2）事件 A_1，A_2，A_3 相互独立的充要条件是 $\sigma(A_{i_1})$ 与 $\sigma(A_{i_2}, A_{i_3})$ 相互独立，这里 $1 \leqslant i_1 \leqslant 3$，$1 \leqslant i_2 < i_3 \leqslant 3$，且 $\{i_1\} \bigcap \{i_2, i_3\} = \Phi$。

类似的我们也可以得到 n 个事件相互独立的一些结论。

四、n 个事件的相互独立

（一）n 个事件相互独立的定义

定义 4 对于 n 个事件 A_1，$\cdots$，A_n，当且仅当对任意一个 $k = 2$，$\cdots$，n，任意的 $1 \leqslant i_1 < \cdots < i_k \leqslant n$，等式

$$P(A_{i_1} \cdots A_{i_k}) = P(A_{i_1}) \bullet \cdots \bullet P(A_{i_k})$$

成立时，称事件 A_1，$\cdots$，A_n 相互独立。这里 n 个事件相互独立要满足的等式共有 $C_n^2 + C_n^3 + \cdots + C_n^n = 2^n - n - 1$ 个。

（二）n 个事件相互独立的充要条件及性质

定理 7 事件 A_1，$\cdots$，A_n 相互独立的充要条件 $\sigma(A_{i_1}, A_{i_2}, \cdots, A_{i_k})$ 与 $\sigma(A_{i_{k+1}}, A_{i_{k+2}}, \cdots, A_{i_l})$ 相互独立，这里 $1 \leqslant i_1 < i_2 < \cdots < i_k \leqslant n$，$1 \leqslant i_{k+1} < i_{k+2} \cdots < i_l \leqslant n$，$\{i_1, i_2, \cdots, i_k\} \bigcap \{i_{k+1}, i_{k+2}, \cdots, i_l\} = \Phi$。

性质 1 当事件 A_1，$\cdots$，A_n 相互独立时，对任意的 $1 \leqslant i_1 < \cdots < i_k \leqslant n$，

A_{i_1}，$\cdots$，A_{i_k} 也相互独立，其中 $k = 2$，$\cdots$，$n-1$。

性质 2 当事件 A_1，$\cdots$，A_n 相互独立时，对任意的 $1 \leqslant i_1 < \cdots < i_k \leqslant n$，$1 \leqslant i_{k+1} < \cdots < i_n \leqslant n$，$A_{i_1}$，$\cdots$，$A_{i_k}$，$\overline{A}_{i_{k+1}}$，$\cdots$，$\overline{A}_{i_n}$ 也相互独立，其中 $k = 2, 3, \cdots, n$。

性质 3 当事件 A_1，$\cdots$，A_n 相互独立时，

(1) 加法公式可写为

$$P\left(\bigcup_{i=1}^{n} A_i\right) = 1 - (1 - P(A_1))(1 - P(A_2)) \cdots (1 - P(A_n))。$$

(2) 乘法公式可写为

$$P(A_1 \cdots A_n) = P(A_1) P(A_2 \mid A_1) \cdots P(A_n \mid A_1 \cdots A_{n-1})$$
$$= P(A_1) P(A_2) \cdots P(A_n)。$$

五、事件相互独立和互不相容的关系

结论 4 设 A 与 B 是随机事件，则有

(1) 若事件 A 与 B 相互独立，当 $P(A)P(B) > 0$ 时，事件 A 与 B 一定相容；

(2) 若事件 A 与 B 相互独立，当 $P(A)P(B) = 0$ 时，事件 A 与 B 不一定互不相容。有 $P(AB) = 0$，但不一定有 $AB = \Phi$；

(3) 若事件 A 与 B 互不相容，当 $P(A)P(B) = 0$ 时，事件 A 与 B 一定相互独立；

(4) 若事件 A 与 B 互不相容，当 $P(A)P(B) > 0$ 时，事件 A 与 B 一定不相互独立。

我们举例说明上述结论。

例 5 某人早上随机地在 7:00—7:10 中任意时刻到达车站。设事件 A 为"他在 7:05 达到车站"，事件 B 为"他在 7:08 达到车站"，事件 C 为"他在 7:05 或 7:08 达到车站"，事件 D 为"他在 7:06—7:08 达到车站"，事件 G 为"他在 7:02—7:04 达到车站"，事件 F 为"他在 7:02—7:04 或 7:08 达到车站"，显然

(1) $P(AB) = P(A)P(B) = 0$，$AB = \Phi$，A 与 B 相互独立且互不相容；

(2) $P(AC) = P(A)P(C) = 0$，$AC \neq \Phi$，A 与 C 相互独立且相容；

(3) $P(DG) = 0 \neq P(D)P(G) > 0$，$DG = \Phi$，$D$ 与 G 不相互独立且互不相容；

(4) $P(DF) = 0 \neq P(D)P(F) > 0$，$DF \neq \Phi$，$D$ 与 F 不相互独立且相容。

综上所述，相互独立不一定互不相容，互不相容不一定相互独立。

那么，相互独立和互不相容的区别在哪里？互不相容是从事件是否含有共同的样本点角度来考察事件的关系。若事件 A，B 互不相容，事件 A，B 就不可能会

同时发生,事件 A 发生必定有 B 不发生,此时 A 的发生影响了 B 的发生,但影响了 B 发生的概率了吗? 不一定。影响了 B 发生和影响了 B 发生的概率是两个概念,后者是从概率角度考察事件的关系。

事件的独立性不能直观地从样本空间中事件是否没有共同的样本点看出来。很多学生仅仅从文字角度理解相互独立,认为若两个事件互不相容不会同时发生所以就可以判定它们相互独立,这是错误的。事实是,若 $AB=\Phi$,事件 A,B 互不相容,且 $P(A)>0$,$P(B)>0$ 成立,它们永远不会相互独立。例如,A 与 $\overline{A}$ 在 $P(A)\in(0,1)$ 时是不独立的,A 发生可以明确地告诉你 $\overline{A}$ 一定不发生,A 与 $\overline{A}$ 独立吗? 不独立。再比如,当 $P(A)=1$ 时,A 与 A 相互独立,但 A 与 A 一定互不相容。

六、独立性在实际中的应用

(一) 独立性在实际中可用来简化计算

结论 4　当事件 A_1,$\cdots$,A_n 相互独立时,"A_1,$\cdots$,A_n 至少有一个发生"的概率为

$$P\Big(\bigcup_{i=1}^{n} A_i\Big)=1-P\Big(\overline{\bigcup_{i=1}^{n} A_i}\Big)=1-P\Big(\bigcap_{i=1}^{n}\overline{A_i}\Big)=1-\prod_{i=1}^{n} P(\overline{A_i})$$

$$=1-\prod_{i=1}^{n}(1-P(A_i))。$$

若用加法公式会有 2^n-1 项求和或差,显然上式简便的多。

(二) 在系统可靠性中的应用

假设一个系统由 n 个元件组成,第 i 个元件的正常工作的概率为 p_i,$i=1$,$\cdots$,n,这 n 个元件是否正常工作相互独立。设事件 A 为"系统正常工作",A_i 为"第 i 个元件正常工作","这 n 个元件是否正常工作相互独立"即 A_1,$\cdots$,A_n 相互独立。

(1) (串联系统)系统由这 n 个元件串联而成,称之为串联系统,其可靠度为

$$P(A)=P\Big(\bigcap_{i=1}^{n} A_i\Big)=\prod_{i=1}^{n} P(A_i)=\prod_{i=1}^{n} P_i。$$

(2) (并联系统)系统由这 n 个元件并联而成,称之为并联系统,其可靠度为

$$P(A) = P\Big(\bigcup_{i=1}^{n} A_i\Big) = 1 - P\Big(\overline{\bigcup_{i=1}^{n} A_i}\Big) = 1 - P\Big(\bigcap_{i=1}^{n} \overline{A_i}\Big) = 1 - \prod_{i=1}^{n} P(\overline{A_i})$$

$$= 1 - \prod_{i=1}^{n} (1 - P_i) \text{。}$$

(三) 独立试验概型

概率的存在就是基于大量重复独立试验的基础之上,因此独立试验概型理应理解透彻,这可参考[2]。大学工科概率统计中有放回抽样大多是独立试验概型,n 重贝努利试验也是一类常用的独立试验概型。

七、独立的随机变量

随机变量独立性概念是事件独立性概念的延伸,两者有着密切联系。

(一) 随机事件的相关系数

定义 5　设 $0 < P(A) < 1$,$0 < P(B) < 1$,称

$$P(A, B) = \frac{P(AB) - P(A)P(B)}{\sqrt{P(A)(1 - P(A))P(B)(1 - P(B))}}$$

为事件 A 与 B 的相关系数。

(二) 随机事件相互独立的充要条件

定理 8　当 $0 < P(A) < 1$,$0 < P(B) < 1$ 时,

(1) $P(A, B) = 0 \Leftrightarrow A$ 与 B 相互独立;

(2) $P(A, B) > 0 \Leftrightarrow P(A|B) > P(A) \Leftrightarrow P(B|A) > P(B)$,此时称 A 与 B 正相关;

(3) $P(A, B) < 0 \Leftrightarrow P(A|B) < P(A) \Leftrightarrow P(B|A) < P(B)$,称 A 与 B 负相关。

(三) 随机变量相互独立的充要条件

定理 9　对任意随机变量 X 和 Y,定义事件 $A = \{X \leqslant x\}$,$B = \{Y \leqslant y\}$。则 X,Y 相互独立的充分必要条件是 A 与 B 相互独立。

推论 1　对任意随机变量 X,Y,定义事件 $A = \{X \leqslant x\}$,$B = \{Y \leqslant y\}$,当 $0 < P(A) < 1$,$0 < P(B) < 1$ 时,X,Y 相互独立的充分必要条件是 $\rho(A, B) = 0$。

由定理 9 知,随机变量的相互独立可由事件的相互独立来表示,前者是后者的推广。

(四) 随机事件独立的充要条件

定理 10　对任意事件 $0 < P(A) < 1,\ 0 < P(B) < 1$,定义随机变量 $X = I_A$, $Y = I_B$,则

(1) $P(A,\ B) = P(X,\ Y)$;

(2) A 与 B 相互独立 $\Leftrightarrow P(A,\ B) = 0 \Leftrightarrow P(X,\ Y) = 0$;

(3) $P(A,\ B) > 0 \Leftrightarrow A$ 与 B 正相关 $\Leftrightarrow X$ 与 Y 正相关;

(4) $P(A,\ B) < 0 \Leftrightarrow A$ 与 B 负相关 $\Leftrightarrow X$ 与 Y 负相关。

由定理 10 知,当 $0 < P(A) < 1,\ 0 < P(B) < 1$ 时,A 与 B 相互独立等价于其示性函数相互独立,A 与 B 正相关 等价于其示性函数正相关,A 与 B 负相关 等价于其示性函数负相关。

八、总结

本文总结了两个事件和三个事件相互独立的有关结论,以及事件相互独立性在实际中的应用。分析了学生容易混淆的两个概念互不相容和相互独立的区别与联系,同时给出随机变量的独立性与事件独立性之间的联系。从而使学生能够掌握三个事件相互独立的深刻含义,理解事件重要的关系相互独立与互不相容,理解随机变量的独立性,为后面课程的学习打好基础。

参 考 文 献

［1］同济大学概率统计教研组. 概率统计［M］. 4 版. 上海:同济大学出版社,2008.

［2］李贤平. 概率论基础［M］. 2 版. 北京:高等教育出版社,1997.

克莱姆法则的一种几何证明

余　斌[①]　郭云翔[②]

（同济大学数学系）

摘　要：本文利用行列式的几何意义给出线性代数中二、三元非退化线性方程组的克莱姆法则的一个证明。进一步，指出该证明思想可推广至一般情形。

一、简介

克莱姆法则是线性代数中一个关于求解线性方程组的重要定理。它适用于变量和方程数目相等的非退化线性方程组，是瑞士数学家克莱姆于 1750 年在他的《线性代数分析导言》中发表的。

传统的克莱姆法则的证明常采用代数的方法，参考[1]，[2]。本文针对二、三阶的情况，用几何的观点给出了克莱姆法则的另一种证明。在二阶的情况中，方程组的每个解可看做是两个同底三角形的面积之比；在三阶的情况中，方程组的每个解可看做是两个同底四面体的体积之比。

在高维的情况中，我们可以定义广义的"体积"，并把方程组的每个解看做是这样的"体积"之比。只是大于三维的情况不像二、三维那样可以在几何上给出直观的解释，故我们没有给出详细的证明，而是给出一种推广的方式。

在证明以前，我们首先给出一般的克莱姆法则：

定理 1.1(克莱姆法则)　一个含有 n 个未知量 n 个方程的线性方程组，

$$\begin{cases} a_{11}x_1 + a_{12}x_2 + \cdots + a_{1n}x_n = b_1, \\ a_{21}x_1 + a_{22}x_2 + \cdots + a_{2n}x_n = b_2, \\ \quad\quad\quad\quad\vdots \\ a_{n1}x_1 + a_{n2}x_2 + \cdots + a_{nn}x_n = b_n, \end{cases}$$

---

①　余斌，同济大学数学系，Email：binyu1980@163.com

②　郭云翔，同济大学数学系，Email：103646@tongji.edu.cn

当它的系数行列式 $D \neq 0$ 时，有且仅有一个解

$$x_1 = \frac{D_1}{D}, \; x_2 = \frac{D_2}{D}, \; \cdots, \; x_n = \frac{D_n}{D},$$

$$D_j = \begin{vmatrix} a_{11} & \cdots & a_{1, j-1} & b_1 & a_{1, j+1} & \cdots & a_{1n} \\ a_{21} & \cdots & a_{2, j-1} & b_2 & a_{2, j+1} & \cdots & a_{2n} \\ \vdots & & \vdots & \vdots & \vdots & & \vdots \\ a_{n1} & \cdots & a_{n, j-1} & b_n & a_{n, j+1} & \cdots & a_{nn} \end{vmatrix}$$

$$= b_1 A_{1j} + b_2 A_{2j} + \cdots + b_n A_{nj} (j = 1, 2, \cdots, n)。$$

其中，$A_{i, j} (i = 1, 2, \cdots, n)$ 是第 j 列元素的代数余子式。

二、二阶行列式与克莱姆法则

1. 二阶行列式的几何意义

记二阶方阵

$$\boldsymbol{A}_2 = \begin{pmatrix} a_{11} & a_{12} \\ a_{21} & a_{22} \end{pmatrix} = (\boldsymbol{a}_1 \quad \boldsymbol{a}_2),$$

则 $\boldsymbol{A}_2$ 的行列式

$$| \boldsymbol{A}_2 | = \begin{vmatrix} a_{11} & a_{12} \\ a_{21} & a_{22} \end{vmatrix} = a_{11} a_{22} - a_{12} a_{21}。$$

令

$$\overrightarrow{OA} = \boldsymbol{a}_1 = \begin{pmatrix} a_{11} \\ a_{21} \end{pmatrix}, \quad \overrightarrow{OB} = \boldsymbol{a}_2 = \begin{pmatrix} a_{12} \\ a_{22} \end{pmatrix}, \quad | \boldsymbol{A}_2 | \neq 0。$$

则以 OA，OB 为邻边，可构成平行四边形 $OACB$。由解析几何的理论可知，它的面积是 $\overrightarrow{OA}$ 与 $\overrightarrow{OB}$ 向量积的绝对值。

下面的结果是经典的，但是为了方便读者阅读，我们还是给出一个证明。

$$S_{OACB} = | \boldsymbol{a}_1 \times \boldsymbol{a}_2 | = || \boldsymbol{a}_1 | \cdot | \boldsymbol{a}_2 | \cdot \sin \theta |$$

$$= | \boldsymbol{a}_1 | \cdot | \boldsymbol{a}_2 | \cdot \sqrt{1 - \cos^2 \theta}$$

$$= | \boldsymbol{a}_1 | \cdot | \boldsymbol{a}_2 | \cdot \sqrt{1 - \frac{(\boldsymbol{a}_1 \cdot \boldsymbol{a}_2)^2}{| \boldsymbol{a}_1 |^2 | \boldsymbol{a}_1 |^2}}$$

$$= \sqrt{| \boldsymbol{a}_1 |^2 \cdot | \boldsymbol{a}_2 |^2 - (\boldsymbol{a}_1 \cdot \boldsymbol{a}_2)^2}$$

$$= \sqrt{(a_{11}^2 + a_{21}^2)(a_{12}^2 + a_{22}^2) - (a_1 b_1 + a_2 b_2)^2}$$

$$= \sqrt{(a_{11} a_{22} - a_{12} a_{21})^2} = |a_{11} a_{22} - a_{12} a_{21}|$$

$$= \left| \begin{vmatrix} a_{11} & a_{12} \\ a_{21} & a_{22} \end{vmatrix} \right| = ||\boldsymbol{A}_2||,$$

故

$$|\boldsymbol{A}_2| = \pm S_{OACB},$$

且当 $|\boldsymbol{A}_2| \neq 0$ 时，$S_{OACB} \neq 0$。

由向量外积的定义可知：

(1) 当 $\overrightarrow{OA}$ 与 $\overrightarrow{OB}$ 成逆时针方向时，$|\boldsymbol{A}_2| = S_{OACB}$；

(2) 当 $\overrightarrow{OA}$ 与 $\overrightarrow{OB}$ 成顺时针方向时，$|\boldsymbol{A}_2| = -S_{OACB}$。

2. 二元克莱姆法则的几何证明

考虑二元线性方程组

$$\boldsymbol{A}_2 \boldsymbol{x} = \boldsymbol{b}_2。$$

其中，

$$\boldsymbol{A}_2 = \begin{pmatrix} a_{11} & a_{12} \\ a_{21} & a_{22} \end{pmatrix}, \quad \boldsymbol{x} = \begin{pmatrix} x_1 \\ x_2 \end{pmatrix}, \quad \boldsymbol{b}_2 = \begin{pmatrix} b_1 \\ b_2 \end{pmatrix}, \quad |\boldsymbol{A}_2| \neq 0。$$

沿用之前的记号，将 $\boldsymbol{A}_2 \boldsymbol{x} = \boldsymbol{b}_2$ 改写为

$$(\boldsymbol{a}_1 \quad \boldsymbol{a}_2) \begin{pmatrix} x_1 \\ x_2 \end{pmatrix} = \boldsymbol{b}_2,$$

则 $\boldsymbol{b}_2$ 可由 $\boldsymbol{a}_1$，$\boldsymbol{a}_2$ 线性表示

$$\boldsymbol{b}_2 = x_1 \boldsymbol{a}_1 + x_2 \boldsymbol{a}_2,$$

故原方程组等价于求 $\boldsymbol{b}_2$ 如何用 $\boldsymbol{a}_1$ 和 $\boldsymbol{a}_2$ 线性表示，即求 $\boldsymbol{b}_2$ 在 $\boldsymbol{a}_1$ 和 $\boldsymbol{a}_2$ 方向上的分解。下面，我们用几何的观点给出二元克莱姆法则的证明：

如图 1 所示，记 $\overrightarrow{OA} = \boldsymbol{a}_1$，$\overrightarrow{OA_1} = x_1 \boldsymbol{a}_1$，$\overrightarrow{OB} = \boldsymbol{a}_2$，$\overrightarrow{OB_1} = x_2 \boldsymbol{a}_2$，$\overrightarrow{OD} = \boldsymbol{b}_2$，记 h_1 为 $\triangle AOB$ 在 OB 边上的高，记 h_2 为 $\triangle A_1 OB$ 在 OB 边上的高，则由相似三角形的性质可知

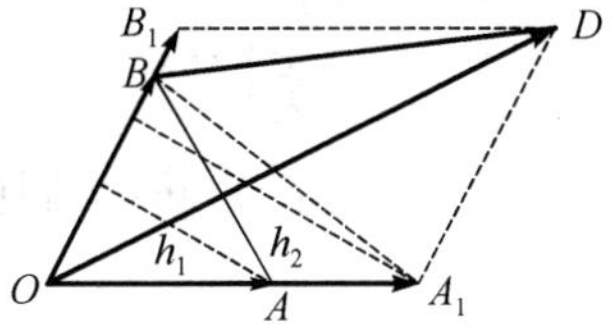

图 1 二元情况的平行四边形

$$\frac{S_{\triangle A_1 OB}}{S_{\triangle AOB}} = \frac{h_2}{h_1} = \frac{OA_1}{OA},$$

因为 $\overrightarrow{OA_1}$，$\overrightarrow{OB_1}$ 是 $\overrightarrow{OD}$ 在 $\overrightarrow{OA}$，$\overrightarrow{OB}$ 上的分解，故 $OB \parallel A_1 D$。因此，$\triangle A_1 OB$ 与 $\triangle DOB$ 同底等高，即

$$S_{\triangle A_1 OB} = S_{\triangle DOB}。$$

因为三角形的面积为相应平行四边形的面积的一半，故由

$$|x_1| = \frac{|x_1 \boldsymbol{a}_1|}{|\boldsymbol{a}_1|} = \frac{OA_1}{OA} = \frac{h_2}{h_1} = \frac{S_{\triangle A_1 OB}}{S_{\triangle AOB}} = \frac{S_{\triangle DOB}}{S_{\triangle AOB}}$$

$$= \frac{\left|\dfrac{1}{2}\begin{vmatrix} \boldsymbol{b}_1 & a_{12} \\ \boldsymbol{b}_2 & a_{22} \end{vmatrix}\right|}{\left|\dfrac{1}{2}|A_2|\right|} = \left|\frac{1}{|A_2|}\begin{vmatrix} \boldsymbol{b}_1 & a_{12} \\ \boldsymbol{b}_2 & a_{22} \end{vmatrix}\right|,$$

即

$$x_1 = \pm\left|\frac{1}{|A_2|}\begin{vmatrix} \boldsymbol{b}_1 & a_{12} \\ \boldsymbol{b}_2 & a_{22} \end{vmatrix}\right|。$$

当 $\boldsymbol{b}_2$ 在 $\boldsymbol{a}_1$ 所在直线上的投影方向与 $\boldsymbol{a}_1$ 同向时，$x_1 \geqslant 0$；当 $\boldsymbol{b}_2$ 在 $\boldsymbol{a}_1$ 所在直线上的投影方向与 $\boldsymbol{a}_1$ 反向时，$x_1 < 0$。

因为 $\boldsymbol{a}_1$ 与 $\boldsymbol{a}_2$ 成逆时针方向，故 $|A| > 0$，因为 $\boldsymbol{a}_1$ 与 $\boldsymbol{a}_2$ 成逆时针方向，所以 $\begin{vmatrix} a_{11} & \boldsymbol{b}_1 \\ a_{21} & \boldsymbol{b}_2 \end{vmatrix} > 0$。故

$$x_1 = +\left|\frac{1}{|\boldsymbol{A}_2|}\begin{vmatrix} \boldsymbol{b}_1 & a_{12} \\ \boldsymbol{b}_2 & a_{22} \end{vmatrix}\right| = \frac{1}{|\boldsymbol{A}_2|}\begin{vmatrix} \boldsymbol{b}_1 & a_{12} \\ \boldsymbol{b}_2 & a_{22} \end{vmatrix},$$

类似可证，x_1 的正负号总是与 $\dfrac{1}{|\boldsymbol{A}_2|}\begin{vmatrix} \boldsymbol{b}_1 & a_{12} \\ \boldsymbol{b}_2 & a_{22} \end{vmatrix}$ 一致，x_2 的正负号总是与 $\dfrac{1}{|\boldsymbol{A}_2|}\begin{vmatrix} a_{11} & \boldsymbol{b}_1 \\ a_{21} & \boldsymbol{b}_2 \end{vmatrix}$ 一致。

与 x_1 求法相同，我们可得，

$$x_2 = \frac{1}{|\boldsymbol{A}_2|}\begin{vmatrix} a_{11} & \boldsymbol{b}_1 \\ a_{21} & \boldsymbol{b}_2 \end{vmatrix}。$$

三、三阶行列式与克莱姆法则

1. 三阶行列式的几何意义

记三阶方阵

$$\boldsymbol{A}_3 = \begin{pmatrix} a_{11} & a_{12} & a_{13} \\ a_{21} & a_{22} & a_{23} \\ a_{31} & a_{32} & a_{33} \end{pmatrix} = (\boldsymbol{a}_1 \quad \boldsymbol{a}_2 \quad \boldsymbol{a}_3),$$

则 $\boldsymbol{A}_3$ 的行列式

$$\mid \boldsymbol{A}_3 \mid = \begin{vmatrix} a_{11} & a_{12} & a_{13} \\ a_{21} & a_{22} & a_{23} \\ a_{31} & a_{32} & a_{33} \end{vmatrix} = a_{11} \begin{vmatrix} a_{22} & a_{23} \\ a_{32} & a_{33} \end{vmatrix} - a_{12} \begin{vmatrix} a_{21} & a_{23} \\ a_{31} & a_{33} \end{vmatrix} + a_{13} \begin{vmatrix} a_{21} & a_{22} \\ a_{31} & a_{32} \end{vmatrix}。$$

令

$$\overrightarrow{OA} = \boldsymbol{a}_1 = \begin{pmatrix} a_{11} \\ a_{21} \\ a_{31} \end{pmatrix}, \overrightarrow{OB} = \boldsymbol{a}_2 = \begin{pmatrix} a_{12} \\ a_{22} \\ a_{32} \end{pmatrix}, \overrightarrow{OC} = \boldsymbol{a}_3 = \begin{pmatrix} a_{13} \\ a_{23} \\ a_{33} \end{pmatrix}, \mid \boldsymbol{A}_3 \mid \neq 0。$$

则 OA，OB，OC 为同一项点上的三个边，由它们可完全确定一个平行六面体。由解析几何的理论可知，它的体积为 $\overrightarrow{OA}$，$\overrightarrow{OB}$ 和 $\overrightarrow{OC}$ 混合积的绝对值。记它的体积为 $V_{\{\overrightarrow{OA}, \overrightarrow{OB}, \overrightarrow{OC}\}}$，记 $S_{\{\overrightarrow{OA}, \overrightarrow{OB}\}}$ 为以 OA，OB 为邻边的平行四边形的面积。把该平行四边形看做平行六面体的底，记这个底上的高为 h。则由向量混合积的性质可得

$$V_{\{\overrightarrow{OA}, \overrightarrow{OB}, \overrightarrow{OC}\}} = S_{\{\overrightarrow{OA}, \overrightarrow{OB}\} \cdot h} \tag{1}$$

$$= \mid \overrightarrow{OA} \times \overrightarrow{OB} \mid \cdot \mid \overrightarrow{OC} \mid \mid \cos \langle \overrightarrow{OA} \times \overrightarrow{OB}, \overrightarrow{OC} \rangle \mid \tag{2}$$

$$= \mid \boldsymbol{a}_1 \times \boldsymbol{a}_2 \mid \cdot \mid \boldsymbol{a}_3 \mid \mid \cos \langle \boldsymbol{a}_1 \times \boldsymbol{a}_2, \boldsymbol{a}_2 \rangle \mid \tag{3}$$

$$= \mid \boldsymbol{a}_1 \times \boldsymbol{a}_2 \cdot \boldsymbol{a}_3 \mid \tag{4}$$

$$= \left\| \begin{vmatrix} a_{11} & a_{12} & a_{13} \\ a_{21} & a_{22} & a_{23} \\ a_{31} & a_{32} & a_{33} \end{vmatrix} \right\| = \| \boldsymbol{A}_3 \|, \tag{5}$$

故

$$| \boldsymbol{A}_3 | = \pm V_{\{\overrightarrow{OA}, \overrightarrow{OB}, \overrightarrow{OC}\}},$$

且当 $| \boldsymbol{A}_3 | \neq 0$ 时，$V_{\{\overrightarrow{OA}, \overrightarrow{OB}, \overrightarrow{OC}\}} \neq 0$。

由向量混合积的定义可知：

(1) 当 $\overrightarrow{OA}$，$\overrightarrow{OB}$，$\overrightarrow{OC}$ 成右手系时，$| \boldsymbol{A}_3 | = V_{\{\overrightarrow{OA}, \overrightarrow{OB}, \overrightarrow{OC}\}}$；

(2) 当 $\overrightarrow{OA}$，$\overrightarrow{OB}$，$\overrightarrow{OC}$ 成左手系时，$| \boldsymbol{A}_3 | = -V_{\{\overrightarrow{OA}, \overrightarrow{OB}, OC\}}$。

2. 三元克莱姆法则的几何证明

考虑三元线性方程组

$$\boldsymbol{A}_3 \boldsymbol{x} = \boldsymbol{b}_3。$$

其中

$$\boldsymbol{A}_3 = \begin{pmatrix} a_{11} & a_{12} & a_{13} \\ a_{21} & a_{22} & a_{23} \\ a_{31} & a_{32} & a_{33} \end{pmatrix}, \boldsymbol{x} = \begin{pmatrix} x_1 \\ x_2 \\ x_3 \end{pmatrix}, \boldsymbol{b}_3 = \begin{pmatrix} b_1 \\ b_2 \\ b_3 \end{pmatrix}, | \boldsymbol{A}_3 | \neq 0。$$

类似二元的情况，将 $\boldsymbol{A}_3 \boldsymbol{x} = \boldsymbol{b}_3$ 改写为

$$(\boldsymbol{a}_1 \quad \boldsymbol{a}_2 \quad \boldsymbol{a}_3) \begin{pmatrix} x_1 \\ x_2 \\ x_3 \end{pmatrix} = \boldsymbol{b}_3。$$

则 $\boldsymbol{b}_3$ 可由 $\boldsymbol{a}_1$，$\boldsymbol{a}_2$，$\boldsymbol{a}_3$ 线性表示

$$\boldsymbol{b}_3 = x_1 \boldsymbol{a}_1 + x_2 \boldsymbol{a}_2 + x_3 \boldsymbol{a}_3，$$

故原方程组等价于求 $\boldsymbol{b}_3$ 如何用 $\boldsymbol{a}_1$，$\boldsymbol{a}_2$ 和 $\boldsymbol{a}_3$ 线性表示，即求 $\boldsymbol{b}_3$ 在 $\boldsymbol{a}_1$，$\boldsymbol{a}_2$ 和 $\boldsymbol{a}_3$ 所方向上的分解。下面，我们用几何的观点给出三元克莱姆法则的证明：

如图 2 所示，记 $\overrightarrow{OA} = \boldsymbol{a}_1$，$\overrightarrow{OA_1} = x_1 \boldsymbol{a}_1$，$\overrightarrow{OB} = \boldsymbol{a}_2$，$\overrightarrow{OB_1} = x_2 \boldsymbol{a}_2$，$\overrightarrow{OC} = \boldsymbol{a}_3$，$\overrightarrow{OC_1} = x_3 \boldsymbol{a}_3$，$\overrightarrow{OD} = \boldsymbol{b}_3$，记 h_1 为四面体 $A - OBC$ 在底 OBC 上的高，记 h_2 为四面体 $A_1 - OBC$ 在底 OBC 上的高，则

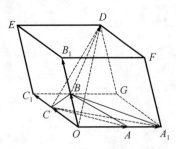

图 2　三元情况的平行六面体

$$\frac{V_{A-OBC}}{V_{A_1-OBC}} = \frac{h_2}{h_1} = \frac{OA_1}{OA}。$$

由向量分解和立体几何的相关理论可知，平面 $OB_1EC_1 /\!/$ 平面 A_1FDG。因此四面体 $A-OBC$ 与四

面体 A_1-OBC 同底等高,故

$$V_{A_1-OBC} = V_{D-OBC} \circ$$

由此可知

$$|x_1| = \frac{|x_1 \boldsymbol{a}_1|}{|\boldsymbol{a}_1|} = \frac{OA_1}{OA} = \frac{h_2}{h_1} = \frac{V_{A_1-OBC}}{V_{A-OBC}} = \frac{V_{D-OBC}}{V_{A-OBC}}$$

$$= \frac{\left|\dfrac{1}{6}\begin{vmatrix} b_1 & a_{12} & a_{13} \\ b_2 & a_{22} & a_{23} \\ b_3 & a_{32} & a_{33} \end{vmatrix}\right|}{\left|\dfrac{1}{6}|\boldsymbol{A}_3|\right|} = \left|\dfrac{1}{|\boldsymbol{A}_3|}\begin{vmatrix} b_1 & a_{12} & a_{13} \\ b_2 & a_{22} & a_{23} \\ b_3 & a_{32} & a_{33} \end{vmatrix}\right|,$$

即

$$x_1 = \pm\left|\frac{1}{|\boldsymbol{A}_3|}\begin{vmatrix} b_1 & a_{12} & a_{13} \\ b_2 & a_{22} & a_{23} \\ b_3 & a_{32} & a_{33} \end{vmatrix}\right| \circ$$

当 $\boldsymbol{b}_3$ 在 $\boldsymbol{a}_1$ 所在直线上的投影方向与 $\boldsymbol{a}_1$ 同向时,$x_1 \geqslant 0$;当 $\boldsymbol{b}_3$ 在 $\boldsymbol{a}_1$ 所在直线上的投影方向与 $\boldsymbol{a}_1$ 反向时,$x_1 < 0$。

因为 $\boldsymbol{a}_1$,$\boldsymbol{a}_2$,$\boldsymbol{a}_3$ 成左手系,故 $|\boldsymbol{A}_3| < 0$,因为 $\boldsymbol{b}_3$,$\boldsymbol{a}_2$,$\boldsymbol{a}_3$ 成左手系,所以

$$\begin{vmatrix} b_1 & a_{12} & a_{13} \\ b_2 & a_{22} & a_{23} \\ b_3 & b_{32} & a_{33} \end{vmatrix} < 0 \circ 故$$

$$x_1 = +\left|\frac{1}{|\boldsymbol{A}_3|}\begin{vmatrix} b_1 & a_{12} & a_{13} \\ b_2 & a_{22} & a_{23} \\ b_3 & b_{32} & a_{33} \end{vmatrix}\right| = \frac{1}{|\boldsymbol{A}_3|}\begin{vmatrix} b_1 & a_{12} & a_{13} \\ b_2 & a_{22} & a_{23} \\ b_3 & b_{32} & a_{33} \end{vmatrix} \circ$$

类似可证,x_1 的正负号总是与 $\dfrac{1}{|\boldsymbol{A}_3|}\begin{vmatrix} b_1 & a_{12} & a_{13} \\ b_2 & a_{22} & a_{23} \\ b_3 & b_{32} & a_{33} \end{vmatrix}$ 一致,x_2 的正负号总是与

$\dfrac{1}{|\boldsymbol{A}_3|}\begin{vmatrix} a_{11} & b_1 & a_{13} \\ a_{21} & b_2 & a_{23} \\ a_{31} & b_3 & a_{33} \end{vmatrix}$ 一致,x_3 的正负号总是与 $\dfrac{1}{|\boldsymbol{A}_3|}\begin{vmatrix} a_{11} & a_{21} & b_1 \\ a_{21} & a_{22} & b_2 \\ a_{31} & a_{32} & b_3 \end{vmatrix}$ 一致。

与 x_1 求法相同,我们可得,

$$x_2 = \frac{1}{|\boldsymbol{A}_3|} \begin{vmatrix} a_{11} & b_1 & a_{13} \\ a_{21} & b_2 & a_{23} \\ a_{31} & b_3 & a_{33} \end{vmatrix}, \ x_3 = \frac{1}{|\boldsymbol{A}_3|} = \begin{vmatrix} a_{11} & a_{21} & b_1 \\ a_{21} & a_{22} & b_2 \\ a_{31} & a_{32} & b_3 \end{vmatrix}.$$

四、n 阶行列式与克莱姆法则

对于高阶的情况（$n>3$），我们无法像二阶、三阶那样从几何上给出直观的解释。但是我们可以根据二阶、三阶的方法作出代数上的类推。我们总结一下二阶、三阶时上述几何证明的关键点：

（1）将行列式看作其列向量在相应空间（二、三维欧氏空间）中组成的平行多面体的体积；

（2）将解方程组看作求解某向量在固定的一些向量下的线形表示；

（3）将线性表示的系数（即要求解的分量）看作两个平行多面体的体积的比值。

这些都能自然地推广至高阶的情况（$n>3$）。这些推广中稍困难的是第一步。第一步的合理推广需要做到将 n 阶行列式看作其 n 个列向量（n 维欧氏空间上）生成的"超平行多面体"的体积。这需要更多自然的技术性的操作，参考[3]，[4]。我们将其留给读者。

参 考 文 献

［1］居余马. 线性代数[M]. 2 版. 北京：清华大学出版社，2000.

［2］同济大学应用数学系. 高等代数与解析几何[M]. 北京：高等教育出版社，2005.

［3］夏盼秋. 高维欧氏空间中向量的外积. 大学数学[J]. 2011,27(4):159-164.